中国农业科学院科技创新工程
国家自然科技资源共享平台项目 资 助

中国草地
常见豆科饲用植物（一）

◎ 徐春波　王　勇　德　英　主编

U0348264

中国农业科学技术出版社

图书在版编目（CIP）数据

中国草地常见豆科饲用植物 . 一 / 徐春波，王勇，德英主编 . —北京：中国农业科学技术出版社，2018.12

ISBN 978-7-5116-3947-9

Ⅰ . ①中… Ⅱ . ①徐… ②王… ③德… Ⅲ . ①豆科—饲料作物—介绍—中国 Ⅳ . ① S54

中国版本图书馆 CIP 数据核字（2018）第 282987 号

责任编辑	李冠桥
责任校对	马广洋

出 版 者	中国农业科学技术出版社
	北京市中关村南大街12号　　邮编：100081
电 话	（010）82109705（编辑室）　（010）82109702（发行部）
	（010）82109709（读者服务部）
传 真	（010）82106625
网 址	http: // www.castp.cn
经 销 者	全国各地新华书店
印 刷 者	北京建宏印刷有限公司
开 本	850mm×1 168mm　1/32
印 张	7.5
字 数	155千字
版 次	2018年12月第1版　2018年12月第1次印刷
定 价	88.00元

《中国草地常见豆科饲用植物（一）》

编者名单

主　编　徐春波　王　勇　德　英

参　编（以姓氏笔画为序）

邢虎成　赵海霞　郭永萍

赵　玥　赵　婧　尚　晨

审　校　赵来喜

前　言

　　豆科植物是被子植物中仅次于菊科及兰科的三个最大的科之一，分布极为广泛，生长环境各式各样，无论平原、高山、荒漠、森林、草原直至水域，几乎都可见到豆科植物的踪迹。全世界约650属，18 000种。我国有172属，1 485种，13亚种，153变种，16变型，各省区均有分布。

　　据初步统计，具有不同程度饲用价值的豆科植物，中国有90余属，1 100余种。豆科饲用植物对中国草原植被的建立起了极大的作用，仅次于禾本科、菊科和莎草科，是饲用价值最高、经济价值最大的一类植物。在天然草场，无论是草甸、草原、荒漠、高寒草原，都有豆科饲用植物或优势种或建群种，或散生于草地、灌丛，对改进植物组成，提高草地质量起平衡、促进作用。

　　为增进人们对草地豆科饲用植物的了解，准确识别豆科饲用植物，编者在中国农业科学院科技创新工程和国家自然科技资源共享平台项目的资助下，完成了《中国草地常见豆科饲用植物（一）》一书的撰写，期望本书为从事科研、教学、推广、生产、管理等部门的草业工作者提供参考。

　　本书共收录中国草地（主要为天然草地，不包括人工草地）常见豆科饲用植物34属108种（含变种）。每种植物由文字概述和附图两部分构成，文字概述部分包括学名、英文名、别名、形态特征、分布、生境、水分生态类型、饲用等级、其他用途等；附图部分主要为实地拍摄的彩图1～3张，没有彩图的暂用黑白模式图替代。

由于豆科饲用植物较多，本书收录不全面，将在《中国草地常见豆科饲用植物（二）》出版时补充完善。

由于受时间、条件及编者水平所限，书中错误及不足之处，敬请读者批评指正，仅此致谢！

编　者

2018年10月

目　　录

一、合欢属*Albizia* Durazz.

合欢

学名：*Albizia julibrissin* Durazz.

英文名：Silktree Albizzia

别名：绒花树、马缨花

形态特征：落叶乔木，高可达16米，树冠开展；小枝有棱角，嫩枝、花序和叶轴被绒毛或短柔毛。托叶线状披针形，较小叶小，早落。二回羽状复叶，总叶柄近基部及最顶一对羽片着生处各有1枚腺体；羽片4～12对，栽培的有时达20对；小叶10～30对，线形至长圆形，长6～12毫米，宽1～4毫米，向上偏斜，先端有小尖头，有缘毛，有时在下面或仅中脉上有短柔毛；中脉紧靠上边缘。头状花序于枝顶排成圆锥花序；花粉红色；花萼管状，长3毫米；花冠长8毫米，裂片三角形，长1.5毫米，花萼、花冠外均被短柔毛；花丝长2.5厘米。荚果带状，长9～15厘米，宽1.5～2.5厘米，嫩荚有柔毛，老荚无毛。

分布：中国华南、西南、华东、华中、河北、辽宁；日本、中南半岛、印度也有。

生境：山坡谷地、平原、路旁、宅边。

水分生态类型：中生。

饲用等级：中等。

其他用途：蜜源、药用、防风固沙。

果枝

种子

植株

二、骆驼刺属 *Alhagi* Gagneb.

骆驼刺

学名：*Alhagi sparsifolia* Shap.

英文名：Manaplant Alhagi

别名：疏叶骆驼刺

形态特征：半灌木，高25～40厘米。茎直立，具细条纹，无毛或幼茎具短柔毛，从基部开始分枝，枝条平行上升。叶互生，卵形、倒卵形或倒圆卵形，长8～15毫米，宽5～10毫米，先端圆形，具短硬尖，基部楔形，全缘，无毛，具短柄。总状花序，腋生，花序轴变成坚硬的锐刺，刺长为叶的2～3倍，无毛，当年生枝条的刺上具花3～6（8）朵，老茎的刺上无花；花长8～10毫米；苞片钻状，长约1毫米；花梗长1～3毫米；花萼钟状，长4～5毫米，被短柔毛，萼齿三角状或钻状三角形，长为萼筒的1/4～1/3；花冠深紫红色，旗瓣倒长卵形，长8～9毫米，先端钝圆或截平，基部楔形，具短瓣柄，翼瓣长圆形，长为旗瓣的3/4，龙骨瓣与旗瓣约等长；子房线形，无毛。荚果线形，常弯曲，几无毛。

    分布：中国新疆维吾尔自治区（以下简称新疆）、青海、甘肃和内蒙古自治区（以下简称内蒙古）；蒙古国、中亚也有。

    生境：荒漠地区的沙地、河岸、农田边。

水分生态类型：旱生。

饲用等级：中等。

其他用途：观赏、药用、做家具，提取栲胶、榨油。

果枝

荚果和种子

植株

三、沙冬青属 *Ammopiptanthus* Cheng f.

沙冬青

学名：*Ammopiptanthus mongolicus*（Maxim. ex Kom.）

英文名：Mongolian Ammopiptanthus

别名：无

形态特征：常绿灌木，高1.5~2米，粗壮；树皮黄绿色，木材褐色。茎多叉状分枝，圆柱形，具沟棱，幼被灰白色短柔毛，后渐稀疏。3小叶，偶为单叶；叶柄长5~15毫米，密被灰白色短柔毛；托叶小，三角形或三角状披针形，贴生叶柄，被银白色绒毛；小叶菱状椭圆形或阔披针形，长2~3.5厘米，宽6~20毫米，两面密被银白色绒毛，全缘，侧脉几不明显，总状花序顶生枝端，花互生，8~12朵密集；苞片卵形，长5~6毫米，密被短柔毛，脱落；花梗长约1厘米，近无毛，中部有2枚小苞片；萼钟形，薄革质，长5~7毫米，萼齿5，阔三角形，上方2齿合生为一较大的齿；花冠黄色，花瓣均具长瓣柄，旗瓣倒卵形，长约2厘米，翼瓣比龙骨瓣短，长圆形，长1.7厘米，其中瓣柄长5毫米，龙骨瓣分离，基部有长2毫米的耳；子房具柄，线形，无毛。荚果扁平，线形，长5~8厘米，宽15~20毫米，无毛，先端锐尖，基部具果颈，果颈长8~10毫米；有种子2~5粒。种子圆肾形，径约6毫米。花期4—5月，果期5—6月。

分布：内蒙古、宁夏回族自治区（以下简称宁夏）、甘肃；蒙古南部也有。

生境：沙丘、河滩边台地。

水分生态类型：旱生。

饲用等级：中等。

其他用途：固沙。

果枝

种子

植株

四、黄耆属 *Astragalus* Linn.

斜茎黄耆

学名：*Astragalus adsurgens* Pall.

英文名：Erect Milkvetch

别名：直立黄耆、沙打旺

形态特征：多年生草本，高20～100厘米。根较粗壮，暗褐色，有时有长主根。茎多数或数个丛生，直立或斜上，有毛或近无毛。羽状复叶有9～25片小叶，叶柄较叶轴短；托叶三角形，渐尖，基部稍合生或有时分离，长3～7毫米；小叶长圆形、近椭圆形或狭长圆形，长10～25（35）毫米，宽2～8毫米，基部圆形或近圆形，有时稍尖，上面疏被伏贴毛，下面较密。总状花序长圆柱状、穗状、稀近头状，生多数花，排列密集，有时较稀疏；总花梗生于茎的上部，较叶长或与其等长；花梗极短；苞片狭披针形至三角形，先端尖；花萼管状钟形，长5～6毫米，被黑褐色或白色毛，或有时被黑白混生毛，萼齿狭披针形，长为萼筒的1/3；花冠近蓝色或红紫色，旗瓣长11～15毫米，倒卵圆形，先端微凹，基部渐狭，翼瓣较旗瓣短，瓣片长圆形，与瓣柄等长，龙骨瓣长7～10毫米，瓣片较瓣柄稍短；子房被密毛，有极短的柄。荚果长圆形，长7～18毫米，两侧稍扁，背缝凹入成沟槽，顶端具下弯的短喙，被黑色、褐色或和白色混生毛，假2室。花期6—8月，果期8—10月。

分布：中国东北、华北、西北、西南地区；前苏联、蒙古国、日本、朝鲜和北美洲温带地区有分布。

生境：向阳山坡灌丛及林缘地带。

水分生态类型：中旱生。

饲用等级：良等。

其他用途：水土保持、药用、绿肥。

植株

叶

种子

高山黄耆

学名：*Astragalus alpinus* L.

英文名：Alp Milkvetch

别名：无

形态特征：多年生草本。茎直立或上升，基部分枝，高20～50厘米，具条棱，被白色柔毛，上部混有黑色柔毛。奇数羽状复叶，具15～23片小叶，长5～15厘米；叶柄长1～3厘米，向上逐渐变短；托叶草质，离生，三角状披针形，长3～5毫米，先端钝，具短尖头，基部圆形，上面疏被白色柔毛或近无毛，下面毛较密，具短柄。总状花序生7～15花，密集；总花梗腋生，较叶长或近等长；苞片膜质，线状披针形，长2～3毫米，下面被黑色柔毛；花梗长1～1.5毫米，连同花序轴密被黑色柔毛；花萼钟状，长5～6毫米，被黑色伏贴柔毛，萼齿线形，较萼筒稍长；花冠白色，旗瓣长10～13毫米，瓣片长圆状倒卵形，先端微凹，基部具短瓣柄，翼瓣长7～9毫米，瓣片长圆形，宽1.5～2毫米，基部具短耳，瓣柄长约2毫米，龙骨瓣与旗瓣近等长，瓣片宽斧形，先端带紫色，基部具短耳，瓣柄长约3毫米；子房狭卵形，密生黑色柔毛，具柄。荚果狭卵形，微弯曲，长8～10毫米，宽3～4毫米，被黑色伏贴柔毛，先端具短喙，近假2室，果颈较宿萼稍长；种子8～10粒，肾形，长约2毫米。花期6—7月，果期7—8月。

分布：中国新疆、内蒙古及东北北部；蒙古、中亚、俄罗斯西伯利亚、远东、中欧、北美洲等地均有分布。

生境：中山至高山带的林缘、山谷坡地。

水分生态类型：中生。

饲用等级：优等。

其他用途：无。

模式图（引自《中国饲用植物》）

地八角

学名：*Astragalus bhotanensis* Baker

英文名：Bhotan Milkvetch

别名：不丹黄耆、土牛膝

形态特征：多年生草本。茎直立，匍匐或斜上，长30～100厘米，疏被白色毛或无毛。羽状复叶有19～29小叶，长8～26厘米；叶轴疏被白色毛；叶柄短；托叶卵状披针形，离生，基部与叶柄贴生，长4～5毫米；小叶对生，倒卵形或倒卵状椭圆形，长6～23毫米，宽4～11毫米，先端钝，有小尖头，基部楔形，上面无毛，下面被白色伏贴毛。总状花序头状，生多数花；花梗粗壮，长不及叶的1/2，疏被白毛；苞片宽披针形；小苞片较苞片短，被白色短柔毛；花萼管状，长约10毫米，萼齿与萼筒等长，疏被白色长柔毛；花冠红紫色、紫色、灰蓝色、白色或淡黄色，旗瓣倒披针形，长11毫米，宽3.5毫米，先端微凹，有时钝圆，瓣柄不明显，翼瓣长约9毫米，瓣片狭椭圆形，较瓣柄长，龙骨瓣长8～9毫米，瓣片宽2～2.5毫米，瓣柄较瓣片短；子房无柄。荚果圆筒形，长20～25毫米，宽5～7毫米，无毛，直立，背腹两面稍扁，黑色或褐色，无果颈，假2室。种子多数，棕褐色。花期3—8月，果期8—10月。

分布：中国贵州、云南、西藏自治区（以下简称西藏）、四川、陕西、甘肃；不丹、印度也有分布。

生境：海拔600～2 800米间的山坡、山沟，河漫滩，田边，阴湿处及灌丛下。

水分生态类型：中旱生。

饲用等级：中等。

其他用途：药用。

模式图（引自《中国植物志》）

背扁黄耆

学名：*Astragalus complanatus* Bunge

英文名：Flat Milkvetch

别名：扁茎黄耆、夏黄耆、沙苑子、沙苑蒺藜、潼蒺藜、蔓黄耆

形态特征：多年生草本。主根圆柱状，长达1米。茎平卧，单1至多数，长20～100厘米，有棱，无毛或疏被粗短硬毛，分枝。羽状复叶具9～25片小叶；托叶离生，披针形，长3毫米；小叶椭圆形或倒卵状长圆形，长5～18毫米，宽3～7毫米，先端钝或微缺，基部圆形，上面无毛，下面疏被粗伏毛，小叶柄短。总状花序生3～7花，较叶长；总花梗长1.5～6厘米，疏被粗伏毛；苞片钻形，长1～2毫米；花梗短；小苞片长0.5～1毫米；花萼钟状，被灰白色或白色短毛，萼筒长2.5～3毫米，萼齿披针形，与萼筒近等长；花冠乳白色或带紫红色，旗瓣长10～11毫米，宽8～9毫米，瓣片近圆形，长7.5～8毫米，先端微缺，基部突然收狭，瓣柄长2.7～3毫米，翼瓣长8～9毫米，瓣片长圆形，长6～7毫米，宽2～2.5毫米，先端圆形，瓣柄长约2.8毫米，龙骨瓣长9.5～10毫米，瓣片近倒卵形，长7～7.5毫米，宽2.8～3毫米，瓣柄长约3毫米；子房有柄，密被白色粗伏毛，柄长1.2～1.5毫米，柱头被簇毛。荚果略膨胀，狭长圆形，长达35毫米，宽5～7毫米，两端尖，背腹压扁，微被褐色短粗伏毛，有网纹，果颈不露出宿萼外；种子淡棕色，肾形，长1.5～2毫米，宽2.8～3毫米，平滑。花期7—9月，果期8—10月。

分布：中国东北、华北及河南、陕西、宁夏、甘肃、江苏、四川。

生境：海拔1 000～1 700米的路边、沟岸、草坡及干草场。

水分生态类型：旱中生。

饲用等级：良等。

其他用途：药用、绿肥、水土保持、蜜源。

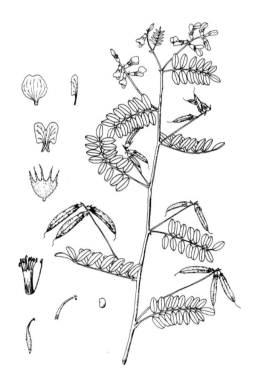

模式图（引自《中国高等植物图鉴》）

达乌里黄耆

学名：*Astragalus dahuricus*（Pall.）DC.

英文名：Dahur Milkvetch

别名：驴干粮、兴安黄耆、野豆角花

形态特征：一年生或二年生草本，被开展、白色柔毛。茎直立，高达80厘米，分枝，有细棱。羽状复叶有11～19（23）片小叶，长4～8厘米；叶柄长不及1厘米；托叶分离，狭披针形或钻形，长4～8毫米；小叶长圆形、倒卵状长圆形或长圆状椭圆形，长5～20毫米，宽2～6毫米，先端圆或略尖，基部钝或近楔形，小叶柄长不及1毫米。总状花序较密，生10～20花，长3.5～10厘米；总花梗长2～5厘米；苞片线形或刚毛状，长3～4.5毫米。花梗长1～1.5毫米；花萼斜钟状，长5～5.5毫米，萼筒长1.5～2毫米，萼齿线形或刚毛状，上边2齿较萼部短，下边3齿较长（长达4毫米）；花冠紫色，旗瓣近倒卵形，长12～14毫米，宽6～8毫米，先端微缺，基部宽楔形，翼瓣长约10毫米，瓣片弯长圆形，长约7毫米，宽1～1.4毫米，先端钝，基部耳向外伸，瓣柄长约3毫米，龙骨瓣长约13毫米，瓣片近倒卵形，长8～9毫米，宽2～2.5毫米，瓣柄长约4.5毫米；子房有柄，被毛，柄长约1.5毫米。荚果线形，长1.5～2.5厘米，宽2～2.5毫米，先端凸尖喙状，直立，内弯，具横脉，假2室，含20～30颗种子，果颈短，长1.5～2毫米。种子淡褐色或褐色，肾形，长约1毫米，宽约1.5毫米，有斑点，平滑。花期7—9月，果期8—10月。

分布：中国东北、华北、西北及山东、河南、四川北

部；前苏联、蒙古国、朝鲜也有分布。

　　生境：海拔400～2 500米的山坡和河滩草地，亦散生于农田、撂荒地及沟渠边。

　　水分生态类型：旱中生。

　　饲用等级：良等。

　　其他用途：无。

生境　　　　　　　　　　植株

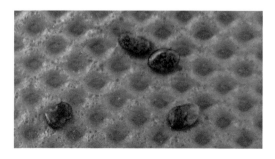

种子

单叶黄耆

学名：*Astragalus efoliolatus* Hand.-Mazz.

英文名：Singleleaf Milkvetch

别名：痒痒草

形态特征：多年生矮小草本，高5～10厘米。茎短缩，密丛状。主根细长，直伸，黄褐色或暗褐色。叶有1片小叶；托叶卵形或披针状卵形，长5～6毫米，膜质，先端渐尖或撕裂，外面被稀疏伏贴毛；小叶线形，长2～12厘米，宽1～2毫米，先端渐尖，两面疏被白色伏贴毛，全缘，下部边缘常内卷，中脉明显。总状花序生2～5花，较叶短，腋生；苞片披针形，膜质，被白色长毛，先端尖，与花梗近等长；花萼钟状管形，长5～7毫米，密被白色伏贴毛，萼齿线状钻形，较萼筒稍短；花冠淡紫色或粉红色，旗瓣长圆形，长8～11毫米，先端微凹，中部缢缩，瓣柄不明显，翼瓣长7～10毫米，瓣片狭长圆形，较瓣柄长，龙骨瓣较翼瓣短，瓣片稍宽，近半圆形，与瓣柄近等长；子房有毛。荚果卵状长圆形，长约1厘米，扁平，先端有短喙，无柄，被白色伏贴毛。花期6—9月，果期9—10月。

分布：中国宁夏、陕西、甘肃、内蒙古；蒙古国也有。

生境：沙地、河漫滩地。

水分生态类型：旱生。

饲用等级：中等。

其他用途：无。

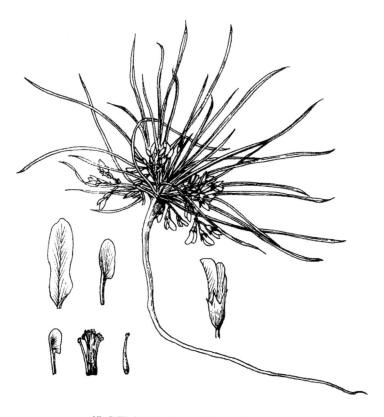

模式图（引自《中国饲用植物》）

乳白黄耆

学名：*Astragalus galactites* Pall.

英文名：Milky Milkvetch

别名：白花黄耆、乳白花黄耆

形态特征：多年生草本，高5～15厘米。根粗壮。茎极短缩。羽状复叶有9～37片小叶；叶柄较叶轴短；托叶膜质，密被长柔毛，下部与叶柄贴生，上部卵状三角形；小叶长圆形或狭长圆形，稀为披针形或近椭圆形，长8～18毫米，宽1.5～6毫米，先端稍尖或钝，基部圆形或楔形，面无毛，下面被白色伏贴毛。花生于基部叶腋。通常2花簇生；苞片披针形或线状披针形，长5～9毫米，被白色长毛；花萼管状钟形。长8～10毫米，萼齿线状披针形或近丝状，长与萼筒等长或稍短，密被白色长绵毛；花冠乳白色或稍带黄色，旗瓣狭长圆形，长20～28毫米，先端微凹，中部稍缢缩，下部渐狭成瓣柄，翼瓣较旗瓣稍短，瓣片先端有时2浅裂，瓣柄长为瓣片的2倍，龙骨瓣长17～20毫米，瓣片短，长约为瓣柄的一半；子房无柄，有毛，花柱细长。荚果小，卵形或倒卵形，先端有味，1室，长4～5毫米，通常不外露，后期宿萼脱落，幼果有时密被白毛，后渐脱落。种子通常2粒。花期5—6月，果期6—8月。

分布：中国东北、西北及内蒙古；蒙古国及俄罗斯西伯利亚也有分布。

生境：海拔1 000～3 500米的草原沙质土上及向阳山坡。

水分生态类型：旱生。

饲用等级：中等。

其他用途：无。

模式图（引自《中国饲用植物》）

草木樨状黄耆

学名：*Astragalus melilotoides* Pall

英文名：Sweetcloverlike Milkvetch

别名：层头、扫帚苗、小马层子、山胡麻、马梢、草木樨状紫云英

形态特征：多年生草本。主根粗壮。茎直立或斜生，高30～50厘米，多分枝，具条棱，被白色短柔毛或近无毛。羽状复叶有5～7片小叶，长1～3厘米；叶柄与叶轴近等长；托叶离生，三角形或披针形，长1～1.5毫米；小叶长圆状楔形或线状长圆形，长7～20毫米，宽1.5～3毫米，先端截形或微凹，基部渐狭，具极短的柄，两面均被白色细伏贴柔毛。总状花序生多数花，稀疏；总花梗远较叶长；花小；苞片小，披针形，长约1毫米；花梗长1～2毫米，连同花序轴均被白色短伏贴柔毛；花萼短钟状，长约1.5毫米，被白色短伏贴柔毛，萼齿三角形，较萼筒短；花冠白色或带粉红色，旗瓣近圆形或宽椭圆形，长约5毫米，先端微凹，基部具短瓣柄，翼瓣较旗瓣稍短，先端有不等的2裂或微凹，基部具短耳，瓣柄长约1毫米，龙骨瓣较翼瓣短，瓣片半月形，先端带紫色，瓣柄长为瓣片的1/2；子房近无柄，无毛。荚果宽倒卵状球形或椭圆形，先端微凹，具短喙，长2.5～3.5毫米，假2室，背部具稍深的沟，有横纹；种子4～5粒，肾形，暗褐色，长约1毫米。花期7—8月，果期8—9月。

分布：长江以北各省区；俄罗斯、蒙古国亦有分布。

生境：向阳山坡、路旁草地或草甸草地。

水分生态类型：中旱生。

饲用等级：优等。

其他用途：无。

果序　　　　　　　　叶

植株

黄耆

学名：*Astragalus membranaceus*（Fisch.）Bunge

英文名：Milkvetch

别名：膜荚黄耆

形态特征：多年生草本，高50～100厘米。主根肥厚，木质，常分枝，灰白色。茎直立，上部多分枝，有细棱，被白色柔毛。羽状复叶有13～27片小叶，长5～10厘米；叶柄长0.5～1厘米；托叶离生，卵形，披针形或线状披针形，长4～10毫米，下面被白色柔毛或近无毛；小叶椭圆形或长圆状卵形，长7～30毫米，宽3～12毫米，先端钝圆或微凹，具小尖头或不明显，基部圆形，上面绿色，近无毛，下面被伏贴白色柔毛。总状花序稍密，有10～20朵花；总花梗与叶近等长或较长，至果期显著伸长；苞片线状披针形，长2～5毫米，背面被白色柔毛；花梗长3～4毫米，连同花序轴稍密被棕色或黑色柔毛；小苞片2枚；花萼钟状，长5～7毫米，外面被白色或黑色柔毛，有时萼筒近于无毛，仅萼齿有毛，萼齿短，三角形至钻形，长仅为萼筒的1/5～1/4；花冠黄色或淡黄色，旗瓣倒卵形，长12～20毫米，顶端微凹，基部具短瓣柄，翼瓣较旗瓣稍短，瓣片长圆形，基部具短耳，瓣柄较瓣片长约1.5倍，龙骨瓣与翼瓣近等长，瓣片半卵形，瓣柄较瓣片稍长；子房有柄，被细柔毛。荚果薄膜质，稍膨胀，半椭圆形，长20～30毫米，宽8～12毫米，顶端具刺尖，两面被白色或黑色细短柔毛，果颈超出萼外；种子3～8粒。花期6—8月，果期7—9月。

分布：中国东北、华北、黄土高原、四川、新疆及西藏等省区；朝鲜、蒙古国、俄罗斯远东及西伯利亚也有分布。

生境：林缘、灌丛间、山坡、草甸。

水分生态类型：中生。

饲用等级：中等。

其他用途：药用。

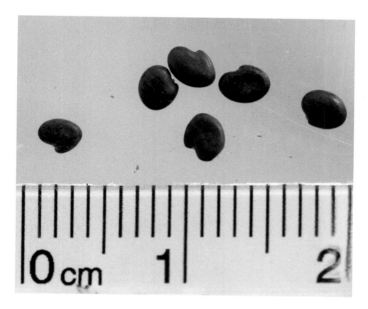

种子

蒙古黄耆（变种）

学名：*Astragalus membranaceus* var. *mongholicus*（Bunge）

英文名：Mongholicus Milkvetch

别名：无

形态特征：植株较原变种矮小，小叶亦较小，长5～10毫米，宽3～5毫米，荚果无毛。

分布：中国黑龙江、内蒙古、河北、山西。

生境：向阳草地及山坡上。

水分生态类型：中生。

饲用等级：中等。

其他用途：药用。

模式图（引自《内蒙古植物志》）

多枝黄耆

学名：*Astragalus polycladus* Bureau et Franch.

英文名：Branchy Milkvetch

别名：无

形态特征：多年生草本。根粗壮。茎多数，纤细，丛生，平卧或上升，高5~35厘米，被灰白色伏贴柔毛或混有黑色毛。奇数羽状复叶，具11~23片小叶，长2~6厘米；叶柄长0.5~1厘米，向上逐渐变短；托叶离生，披针形，长2~4毫米；小叶披针形或近卵形，长2~7毫米，宽1~3毫米，先端钝尖或微凹，基部宽楔形，两面披白色伏贴柔毛，具短柄。总状花序生多数花，密集呈头状；总花梗腋生，较叶长；苞片膜质，线形，长1~2毫米，下面被伏贴柔毛；花梗极短；花萼钟状，长2~3毫米，外面被白色或混有黑色短伏贴毛，萼齿线形，与萼筒近等长；花冠红色或青紫色，旗瓣宽倒卵形，长7~8毫米，先端微凹，基部渐狭成瓣柄，翼瓣与旗瓣近等长或稍短，具短耳，瓣柄长约2毫米，龙骨瓣较翼瓣短，瓣片半圆形；子房线形，被白色或混有黑色短柔毛。荚果长圆形，微弯曲，长5~8毫米，先端尖，被白色或混有黑色伏贴柔毛，1室，有种子5~7粒，果颈较宿萼短。花期7—8月，果期9月。

分布：中国四川、云南、西藏、青海、甘肃及新疆西部，是横断山区特有种。

生境：海拔2 000~3 300米的山坡、路旁、沟谷。

水分生态类型：中生。

饲用等级：良等。

其他用途：水土保持。

模式图（引自《中国饲用植物》）

糙叶黄耆

学名：*Astragalus scaberrimus* Bunge

英文名：Coarseleaf Milkvetch

别名：春黄耆、掐不齐

形态特征：多年生草本，密被白色伏贴毛。根状茎短缩，多分枝，木质化；地上茎不明显或极短，有时伸长而匍匐。羽状复叶有7～15片小叶，长5～17厘米；叶柄与叶轴等长或稍长；托叶下部与叶柄贴生，长4～7毫米，上部呈三角形至披针形；小叶椭圆形或近圆形，有时披针形，长7～20毫米，宽3～8毫米，先端锐尖、渐尖，有时稍钝，基部宽楔形或近圆形，两面密被伏贴毛。总状花序生3～5花，排列紧密或稍稀疏；总花梗极短或长达数厘米，腋生；花梗极短；苞片披针形，较花梗长；花萼管状，长7～9毫米，被细伏贴毛，萼齿线状披针形，与萼筒等长或稍短；花冠淡黄色或白色，旗瓣倒卵状椭圆形，先端微凹，中部稍缢缩，下部稍狭成不明显的瓣柄，翼瓣较旗瓣短，瓣片长圆形，先端微凹，较瓣柄长，龙骨瓣较翼瓣短，瓣片半长圆形，与瓣柄等长或稍短；子房有短毛。荚果披针状长圆形，微弯，长8～13毫米，宽2～4毫米，具短喙，背缝线凹入，革质，密被白色伏贴毛，假2室。花期4—8月，果期5—9月。

分布：中国东北、华北、西北各省区；俄罗斯西伯利亚、蒙古国也有分布。

生境：山坡石砾质草地、草原、沙丘及沿河流两岸的砂地。

水分生态类型：旱生。

饲用等级：良等。

其他用途：水土保持、药用。

模式图（引自《中国饲用植物》）

五、羊蹄甲属 *Bauhinia* L.

羊蹄甲

学名：*Bauhinia purpurea* L.

英文名：Purple Bauhinia

别名：紫羊蹄甲、白紫荆

形态特征：乔木或直立灌木，高7～10米；树皮厚，近光滑，灰色至暗褐色；枝初时略被毛，毛渐脱落，叶硬纸质，近圆形，长10～15厘米，宽9～14厘米，基部浅心形，先端分裂达叶长的1/3～1/2，裂片先端圆钝或近急尖，两面无毛或下面薄被微柔毛；基出脉9～11条；叶柄长3～4厘米。总状花序侧生或顶生，少花，长6～12厘米，有时2～4个生于枝顶而成复总状花序，被褐色绢毛；花蕾多少纺锤形，具4～5棱或狭翅，顶钝；花梗长7～12毫米；萼佛焰状，一侧开裂达基部成外反的2裂片，裂片长2～2.5厘米，先端微裂，其中一片具2齿，另一片具3齿；花瓣桃红色，倒披针形，长4～5厘米，具脉纹和长的瓣柄；能育雄蕊3，花丝与花瓣等长；退化雄蕊5～6，长6～10毫米；子房具长柄，被黄褐色绢毛，柱头稍大，斜盾形。荚果带状，扁平，长12～25厘米，宽2～2.5厘米，略呈弯镰状，成熟时开裂，木质的果瓣扭曲将种子弹出；种子近圆形，扁平，直径12～15毫米，种皮深褐色。花期9—11月；果期2—3月。

分布：中国南部；中南半岛、印度、斯里兰卡有分布。

生境：山坡。

水分生态类型：中生。

饲用等级：低等。

其他用途：观赏、药用。

模式图（引自《中国饲用植物》）

六、木豆属*Cajanus* DC.

木豆

学名：*Cajanus cajan*（L.）Mill.

英文名：Cajan

别名：豆蓉、扭豆、山豆根

形态特征：直立灌木，1～3米。多分枝，小枝有明显纵棱，被灰色短柔毛。叶具羽状3小叶；托叶小，卵状披针形，长2～3毫米；叶柄长1.5～5厘米，上面具浅沟，下面具细纵棱，略被短柔毛；小叶纸质，披针形至椭圆形，长5～10厘米，宽1.5～3厘米，先端渐尖或急尖，常有细凸尖，上面被极短的灰白色短柔毛。下面较密，呈灰白色，有不明显的黄色腺点；小托叶极小；小叶柄长1～2毫米，被毛。总状花序长3～7厘米；总花梗长2～4厘米；花数朵生于花序顶部或近顶部；苞片卵状椭圆形；花萼钟状，长达7毫米，裂片三角形或披针形，花序、总花梗、苞片、花萼均被灰黄色短柔毛；花冠黄色，长约为花萼的3倍，旗瓣近圆形，背面有紫褐色纵线纹，基部有附属体及内弯的耳，翼瓣微倒卵形，有短耳，龙骨瓣先端钝，微内弯；雄蕊二体，对旗瓣的1枚离生，其余9枚合生；子房被毛，有胚珠数颗，花柱长，线状，无毛，柱头头状。荚果线状长圆形，长4～7厘米，宽6～11毫米，于种子间具明显凹入的斜横槽，被灰褐色短柔毛，先端渐尖，具长的尖头；种子3～6粒，近圆形，稍扁，种皮暗红色，有时有褐色斑点。花、果期2—11月。

　　分布：中国华南各省区；热带和亚热带地区广为栽培。

　　生境：山坡草地和疏林下呈散生或零星生长。

　　水分生态类型：中旱生。

　　饲用等级：良等。

　　其他用途：食用、绿肥、药用、榨油。

花枝

荚果

植株

七、杭子梢属 *Campylotropis* Bunge

杭子梢

学名：*Campylotropis macrocarpa*（Bge.）Rehd.

英文名：Clovershrub

别名：无

形态特征：灌木，高达2.5米；幼枝密生白色短柔毛。叶为三出羽状复叶。顶端小叶矩圆形或椭圆形，长3～6.5厘米，宽1.5～4厘米，先端圆或微凹，有短尖，基部圆形，表面无毛，脉网明显，背面有淡黄色柔毛，侧生小叶较小。总状花序腋生；花梗细长，可达1厘米，有关节，具绢毛；花萼宽钟状，萼齿5，其上2裂片合生，有疏柔毛；花冠紫色，旗瓣长倒卵形，比翼瓣稍长，比龙骨瓣稍短；雄蕊10，（9）+1的二体。荚果斜椭圆形，膜质，长约1.2厘米，具明显脉纹。花期7—8月，果期9—10月。

分布：中国河北、山西、陕西、甘肃、山东、江苏、安徽、浙江、江西、福建、河南、湖北、湖南、广西壮族自治区（以下简称广西）、四川、贵州、云南、西藏等省区；朝鲜也有分布。

生境：山坡、灌丛、林缘、山谷沟边及林中。

水分生态类型：中生。

饲用等级：良等。

其他用途：水土保持、绿肥。

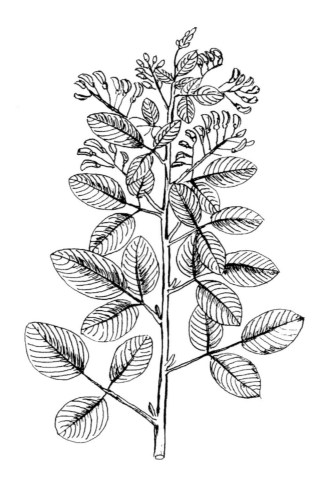

模式图（引自《中国饲用植物》）

三棱枝杭子梢

学名：*Campylotropis trigonoclada*（Franch.）Schindl.

英文名：Tririb Clovershrub

别名：黄花马尿藤、三股筋、三楞草

形态特征：灌木，高达2.5米；幼枝密生白色短柔毛。叶为三出羽状复叶。顶端小叶矩圆形或椭圆形，长3~6.5厘米，宽1.5~4厘米，先端圆或微凹，有短尖，基部圆形，表面无毛，脉网明显，背面有淡黄色柔毛，侧生小叶较小。总状花序腋生；花梗细长，可达1厘米，有关节，具绢毛；花萼宽钟状，萼齿5，其上2裂片合生，有疏柔毛；花冠紫色，旗瓣长倒卵形，比翼瓣稍长，比龙骨瓣稍短；雄蕊10，（9）+1的二体。荚果斜椭圆形，膜质，长约1.2厘米，具明显脉纹。花期7—8月，果期9—10月。

分布：中国四川、贵州、云南、广西。

生境：山坡灌丛、林缘、林内、草地或路边等处。

水分生态类型：中生。

饲用等级：良等。

其他用途：药用。

模式图（引自《中国植物志》）

八、锦鸡儿属*Caragana* Fabr.

短叶锦鸡儿

学名：*Caragana brevifolia* Kom.

英文名：Shortleaf Peashrub

别名：猪儿刺

形态特征：灌木，高1~2米，全株无毛。树皮深灰褐色，稍有光泽，老时龟裂；小枝有棱，有时弯曲。假掌状复叶有4片小叶，托叶硬化成针刺，长3~6毫米，宿存；长枝上叶轴长3~8毫米，短枝上叶柄极短，有时近无柄；小叶披针形或倒卵状披针形，长2~8毫米，宽1~4毫米，先端锐尖，基部楔形。花梗单生于叶腋；长5~8毫米，关节在中部或下部；花萼管状钟形，长5~6毫米，宽3~4毫米，带褐色，常被白粉，萼齿三角形，锐尖，长约1毫米；花冠黄色，长14~16毫米，旗瓣宽卵形，长约14毫米，宽约11毫米，先端稍截平，瓣柄长约4毫米，翼瓣较旗瓣稍长，瓣柄与瓣片近等长，耳短小，齿状，龙骨瓣的瓣柄与瓣片近等长，耳齿状，子房无毛。荚果圆筒状，长1~2.5（3.5）厘米，粗2~2.5，成熟时黑褐色。花期6—7月，果期8—9月。

分布：中国四川西部、西藏东部、甘肃南部、青海南部。

生境：河岸、山谷、山坡杂木林间。

水分生态类型：中旱生。

饲用等级：中等。

其他用途：保水固沙、绿篱。

花果枝

植株

中间锦鸡儿

学名：*Caragana intermedia* Kuang et H.C.Fu

英文名：Intermediate Peashrub

别名：柠条

形态特征：灌木，高0.7～1.5（2）米。老枝黄灰色或灰绿色，幼枝被柔毛。羽状复叶有3～8对小叶；托叶在长枝者硬化成针刺，长4～7毫米，宿存；叶轴长1～5厘米，密被白色长柔毛，脱落；小叶椭圆形成倒卵状椭圆形，长3～10毫米，宽4～6毫米，先端圆或锐尖，很少截形，有短刺尖，基部宽楔形，两面密被长柔毛。花梗长10～16毫米，关节在中部以上，很少在中下部；花萼管状钟形，长7～12毫米，宽5～6毫米，密被短柔毛，萼齿三角状；花冠黄色，长20～25毫米，旗瓣宽卵形或近圆形，瓣柄为瓣片的1/4～1/3，翼瓣长圆形，先端稍尖瓣柄与瓣片近等长，耳不明显；子房无毛。荚果披针形或长圆状披针形，扁，长2.5～3.5厘米，宽5～6毫米，先端短渐尖。花期5月，果期6月。

分布：中国内蒙古、陕西北部、宁夏。

生境：半固定和固定沙地、黄土丘陵。

水分生态类型：旱生。

饲用等级：良等。

其他用途：防风固沙、绿肥、燃料、药用、榨油、肥料、蜜源、编织、纤维原料。

荚果

植株   种子

鬼箭锦鸡儿

学名：*Caragana jubata*（Pall.）Poir

英文名：Shagspine Peashrub

别名：鬼见愁

形态特征：灌木，直立或伏地，高0.3～2米，基部多分枝。树皮深褐色、绿灰色或灰褐色。羽状复叶有4～6对小叶；托叶先端刚毛状，不硬化成针刺；叶轴长5～7厘米，宿存，被疏柔毛。小叶长圆形，长11～15毫米，宽4～6毫米，先端圆或尖，具刺尖头，基部圆形，绿色，被长柔毛。花梗单生，长约0.5毫米，基部具关节，苞片线形；花萼钟状管形，长14～17毫米，被长柔毛，萼齿披针形，长为萼筒的1/2；花冠玫瑰色、淡紫色、粉红色或近白色，长27～32毫米，旗瓣宽卵形，基部渐狭成长瓣柄，翼瓣近长圆形，瓣柄长为瓣片的2/3～3/4，耳狭线形，长为瓣柄的3/4，龙骨瓣先端斜截平而稍凹，瓣柄与瓣片近等长，耳短，三角形；子房被长柔毛。荚果长约3厘米，宽6～7毫米，密被丝状长柔毛。花期6—7月，果期8—9月。

分布：中国内蒙古、河北、山西、新疆；俄罗斯、蒙古国也有。

生境：海拔2 400～3 000米的山坡、林缘。

水分生态类型：旱生。

饲用等级：中等。

其他用途：无。

花　　　　　　　　　　　叶

植株

柠条锦鸡儿

学名：*Caragana korshinskii* Kom.

英文名：Korshinsk Peashrub

别名：白柠条、老虎刺、牛筋条、马集柴、毛条

形态特征：灌木，有时小乔状，高1～4米；老枝金黄色，有光泽；嫩枝被白色柔毛。羽状复叶有6～8对小叶；托叶在长枝者硬化成针刺，长3～7毫米，宿存；叶轴长3～5厘米，脱落；小叶披针形或狭长圆形，长7～8毫米，宽2～7毫米，先端锐尖或稍钝，有刺尖，基部宽楔形，灰绿色，两面密被白色伏贴柔毛。花梗长6～15毫米，密被柔毛，关节在中上部；花萼管状钟形，长8～9毫米，宽4～6毫米，密被伏贴短柔毛，萼齿三角形或披针状三角形；花冠长20～23毫米，旗瓣宽卵形或近圆形，先端截平而稍凹，宽约16毫米，具短瓣柄，翼瓣瓣柄细窄，稍短于瓣片，耳短小，齿状，龙骨瓣具长瓣柄，耳极短；子房披针形，无毛。荚果扁，披针形，长2～2.5厘米，宽6～7毫米，有时被疏柔毛。花期5月，果期6月。

分布：中国内蒙古西部，宁夏、山西、陕西、甘肃、青海有零星分布；蒙古国也有。

生境：荒漠、半荒漠地带的固定、半固定和流动沙地或覆沙戈壁及丘间沟谷。

水分生态类型：强旱生。

饲用等级：良等。

其他用途：防风固沙、水土保持、蜜源、药用。

植株

种子

果枝

小叶锦鸡儿

学名：*Caragana microphylla* Lam.

英文名：Littleleaf Peashrub

别名：连针、雪里洼

形态特征：灌木，高1～2（3）米；老枝深灰色或黑绿色，嫩枝被毛，直立或弯曲。羽状复叶有5～10对小叶；托叶长1.5～5厘米，脱落；小叶倒卵形或倒卵状长圆形，长3～10毫米，宽2～8毫米，先端圆或钝，很少凹入，具短刺尖，幼时被短柔毛。花梗长约1厘米，近中部具关节，被柔毛；花萼管状钟形，长9～12毫米，宽5～7毫米，萼齿宽三角形；花冠黄色，长约25毫米，旗瓣宽倒卵形，先端微凹，基部具短瓣柄，翼瓣的瓣柄长为瓣片的1/2，耳短，齿状；龙骨瓣的瓣柄与瓣片近等长，耳不明显，基部截平；子房无毛。荚果圆筒形，稍扁，长4～5厘米，宽4～5毫米，具锐尖头。花期5—6月，果期7—8月。

分布：中国东北、华北及山东、陕西、甘肃；蒙古国、俄罗斯也有。

生境：固定、半固定沙地。

水分生态类型：旱生。

饲用等级：良等。

其他用途：防风固沙、水土保持、绿肥。

花枝

种子

植株

甘蒙锦鸡儿

学名：*Caragana opulens* Kom.

英文名：Gansu-Mongol Peashrub

别名：无

形态特征：灌木，高40～60厘米。树皮灰褐色，有光泽；小枝细长，稍呈灰白色，有明显条棱。假掌状复叶有4片小叶；托叶在长枝者硬化成针刺，直或弯，针刺长2～5毫米，在短枝者较短，脱落；小叶倒卵状披针形，长3～12毫米，宽1～4毫米，先端圆形或截平，有短刺尖，近无毛或稍被毛，绿色。花梗单生，长7～25毫米，纤细，关节在顶部或中部以上；花萼钟状管形，长8～10毫米，宽约6毫米，无毛或稍被疏毛，基部显著具囊状凸起，萼齿三角状，边缘有短柔毛；花冠黄色，旗瓣宽倒卵形，长20～25毫米，有时略带红色，顶端微凹，基部渐狭成瓣柄，翼瓣长圆形，先端钝，耳长圆形，瓣柄长稍短于瓣片，龙骨瓣的瓣柄稍短于瓣片，耳齿状；子房无毛或被疏柔毛。荚果圆筒状，长2.5～4厘米，宽4～5毫米，先端短渐尖，无毛。花期5—6月，果期6—7月。

分布：中国内蒙古、河北、山西、陕西、宁夏、甘肃、青海东部、四川北部、西藏昌都地区。

生境：海拔高达3 400米的干山坡、沟谷、丘陵。

水分生态类型：中旱生。

饲用等级：良等。

其他用途：无。

果枝

花枝

植株

红花锦鸡儿

学名：*Caragana rosea* Turcz. ex Maxim.

英文名：Red Peashrub

别名：黄枝条、金雀儿

形态特征：灌木，高0.4～1米。树皮绿褐色或灰褐色，小枝细长，具条棱，托叶在长枝者成细针刺，长3～4毫米，短枝者脱落；叶柄长5～10毫米，脱落或宿存成针刺；叶假掌状；小叶4，楔状倒卵形，长1～2.5厘米，宽4～12毫米，先端圆钝或微凹，具刺尖，基部楔形，近革质，上面深绿色，下面淡绿色，无毛，有时小叶边缘、小叶柄、小叶下面沿脉被疏柔毛。花梗单生，长8～18毫米，关节在中部以上，无毛；花萼管状，不扩大或仅下部稍扩大，长7～9毫米，宽约4毫米，常紫红色，萼齿三角形，渐尖，内侧密被短柔毛；花冠黄色，常紫红色或全部淡红色，凋时变为红色，长20～22毫米，旗瓣长圆状倒卵形，先端凹入，基部渐狭成宽瓣柄，翼瓣长圆状线形，瓣柄较瓣片稍短，耳短齿状，龙骨瓣的瓣柄与瓣片近等长，耳不明显；子房无毛。荚果圆筒形，长3～6厘米，具渐尖头。花期4—6月，果期6—7月。

分布：中国东北、华北、华东及河南、甘肃南部。

生境：山地灌丛间及沟谷中。

水分生态类型：中生。

饲用等级：良等。

其他用途：无。

模式图（引自《中国植物志》）

锦鸡儿

学名：*Caragana sinica*（Buc'hoz）Rehd.

英文名：Chinese Peashrub

别名：无

形态特征：灌木，高1～2米。树皮深褐色；小枝有棱，无毛。托叶三角形，硬化成针刺，长5～7毫米；叶轴脱落或硬化成针刺，针刺长7～15（25）毫米；小叶2对，羽状，有时假掌状，上部1对常较下部的为大，厚革质或硬纸质，倒卵形或长圆状倒卵形，长1～3.5厘米，宽5～15毫米，先端圆形或微缺，具刺尖或无刺尖，基部楔形或宽楔形，上面深绿色，下面淡绿色。花单生，花梗长约1厘米，中部有关节；花萼钟状，长12～14毫米，宽6～9毫米，基部偏斜；花冠黄色，常带红色，长2.8～3厘米，旗瓣狭倒卵形，具短瓣柄，翼瓣稍长于旗瓣，瓣柄与瓣片近等长，耳短小，龙骨瓣宽钝；子房无毛。荚果圆筒状，长3～3.5厘米，宽约5毫米。花期4—5月，果期7月。

分布：中国河北、陕西、江苏、江西、浙江、福建、河南、湖北、湖南、广西北部、四川、贵州、云南。

生境：山坡和灌丛。

水分生态类型：中生。

饲用等级：良等。

其他用途：观赏、绿篱、药用。

植株

果枝

花枝

狭叶锦鸡儿

学名：*Caragana stenophylla* Pojark.

英文名：Narrowleaf Peashrub

别名：红柠角、皮溜刺、母猪刺

形态特征：矮灌木，高30～80厘米。树皮灰绿色、黄褐色或深褐色；小枝细长，具条棱，嫩时被短柔毛。假掌状复叶有4片小叶；托叶在长枝者硬化成针刺，刺长2～3毫米；长枝上叶柄硬化成针刺，宿存，长4～7毫米，直伸或向下弯，短枝上叶无柄，簇生；小叶线状披针形或线形，长4～11毫米，宽1～2毫米，两面绿色或灰绿色，常由中脉向上折叠。花梗单生，长5～10毫米，关节在中部稍下；花萼钟状管形，长4～6毫米，宽约3毫米，无毛或疏被毛，萼齿三角形，长约1毫米，具短尖头；花冠黄色，旗瓣圆形或宽倒卵形，长14～17（20）毫米，中部常带橙褐色，瓣柄短宽，翼瓣上部较宽，瓣柄长约为瓣片的1/2，耳长圆形，龙骨瓣的瓣柄较瓣片长1/2，耳短钝；子房无毛。荚果圆筒形，长2～2.5厘米，宽2～3毫米。花期4—6月，果期7—8月。

分布：中国东北、内蒙古、河北、山西、陕西、宁夏、甘肃西北部、新疆东部及北部；俄罗斯和蒙古国也有分布。

生境：沙地、黄土丘陵、低山阳坡。

水分生态类型：旱生。

饲用等级：良等。

其他用途：固沙和水土保持。

花枝

花

植株

甘青锦鸡儿

学名：*Caragana tangutica* Maxim

英文名：Tangut Peashrub

别名：无

形态特征：灌木，高1~4米；老枝绿褐色，片状剥落。羽状复叶常有3对，极少2对小叶；托叶膜质，褐色，先端渐尖或锐尖；叶轴硬化成细针刺，斜伸或向下弯，长1.5~4厘米；小叶各对间远离，上部1对常较下部者稍大，倒披针形或长圆状卵形，长8~15毫米，宽3~8毫米，先端锐尖，具软刺尖，基部楔形，嫩时边缘密被长柔毛，下面淡绿色，疏生长柔毛。花梗单生，长8~25毫米，密被白色长柔毛，近基部具关节；苞片极小，膜质；花萼钟状管形，长8~13毫米，被白色柔毛，萼齿三角形，长2~3毫米，边缘白色；花冠黄色，长23~27毫米，旗瓣宽倒卵形，先端微凹，翼瓣的瓣柄较瓣片稍短，耳线形，长为瓣柄的1/2，龙骨瓣的瓣柄长为瓣片的3/4，耳短小；子房密被短柔毛。荚果线形，长3~4厘米，宽约7毫米，先端渐尖，密被伏贴长柔毛。花期5—6月，果期7—9月。

分布：中国甘肃南部及祁连山、青海东部、四川西北部、西藏。

生境：山坡灌丛、阳坡林内。

水分生态类型：中旱生。

饲用等级：良等。

其他用途：无。

果枝

植株

九、决明属 *Cassia* L

决明

学名：*Cassia tora* L.

英文名：Scckle Sonna

别名：草决明、假花生、假绿豆、马蹄决明

形态特征：直立、粗壮，一年生亚灌木状草本，高1～2米。叶长4～8厘米；叶柄上无腺体；叶轴上每对小叶间有棒状的腺体1枚；小叶3对，膜质，倒卵形或倒卵状长椭圆形，长2～6厘米，宽1.5～2.5厘米，顶端圆钝而有小尖头，基部渐狭，偏斜，上面被稀疏柔毛，下面被柔毛；小叶柄长1.5～2毫米；托叶线状，被柔毛，早落。花腋生，通常2朵聚生；总花梗长6～10毫米；花梗长1～1.5厘米，丝状；萼片稍不等大，卵形或卵状长圆形，膜质，外面被柔毛，长约8毫米；花瓣黄色，下面二片略长，长12～15毫米，宽5～7毫米；能育雄蕊7枚，花药四方形，顶孔开裂，长约4毫米，花丝短于花药；子房无柄，被白色柔毛。荚果纤细，近四棱形，两端渐尖，长达15厘米，宽3～4毫米，膜质；种子约25粒，菱形，光亮。花果期8—11月。

分布：长江以南各省区普遍分布。原产美洲热带地区，现全世界热带、亚热带地区广泛分布。

生境：山坡、旷野及河滩沙地上。

水分生态类型：中生。

饲用等级：中等。

其他用途：无。

植株

花

种子

十、距瓣豆属*Centrosema* Benth.

距瓣豆

学名：*Centrosema pubescens* Benth.

英文名：Pubescent Butterflypea

别名：蝴蝶豆

形态特征：多年生草质藤本。各部分略被柔毛，茎纤细。叶具羽状3小叶；托叶卵形至卵状披针形，长2~3毫米，具纵纹，宿存；叶柄长2.5~6厘米；小叶薄纸质，顶生小叶椭圆形、长圆形或近卵形，长4~7厘米，宽2.5~5厘米，先端急尖或短渐尖，基部钝或圆，两面薄被柔毛；侧脉纤细，每边5~6条，近边缘处联结；侧生小叶略小，稍偏斜；小托叶小，刚毛状；小叶柄短，长1~2毫米，但顶生1枚较长。总状花序腋生；总花梗长2.5~7厘米；苞片与托叶相仿；小苞片宽卵形至宽椭圆形，具明显线纹，与萼贴生，比苞片大；花2~4朵，常密集于花序顶部；花萼5齿裂，线形；花冠淡紫红色，长2~3厘米，旗瓣宽圆形，背面密被柔毛，近基部具一短距，翼瓣镰状倒卵形，一侧具下弯的耳，龙骨瓣宽而内弯，近半圆形，各瓣具短瓣柄；雄蕊二体。荚果线形，长7~13厘米，宽约5毫米，扁平，先端渐尖，具直而细长的喙，喙长10~15毫米，果瓣近背腹两缝线均凸起呈脊状；种子7~15粒，长椭圆形。花期11—12月。

分布：原产热带南美洲，在海南崖县和澄迈已逸为野生。

生境：村旁灌丛路边、山间草地。

水分生态类型：中生。

饲用等级：优等。

其他用途：绿肥、覆盖材料。

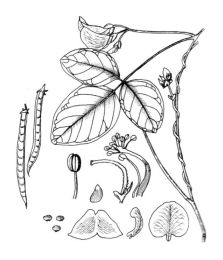

模式图（引自《中国饲用植物》）

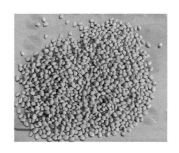

种子

十一、猪屎豆属*Crotalaria* L.

菽麻

学名：*Crotalaria juncea* Linn.

英文名：Sunn Rattlebox

别名：太阳麻、柽麻、印度麻

形态特征：直立草本，体高50～100厘米；茎枝圆柱形，具浅小沟纹，密被丝光质短柔毛。托叶细小，线形，长约2毫米，易脱落；单叶，叶片长圆状线形或线状披针形，长6～12厘米，宽0.5～2厘米，两端渐尖，先端具短尖头，两面均被毛，尤以叶下面毛密而长，具短柄。总状花序顶生或腋生，有花10～20朵；苞片细小，披针形，长3～4毫米，小苞片线形，比苞片稍短，生萼筒基部，密被短柔毛；花梗长5～8毫米；花萼二唇形，长1～1.5厘米，被锈色长柔毛，深裂几达基部，萼齿披针形，弧形弯曲；花冠黄色，旗瓣长圆形，长1.5～2.5厘米，基部具胼胝二枚，翼瓣倒卵状长圆形，长1.5～2厘米，龙骨瓣与翼瓣近等长，中部以上变狭形成长喙，伸出萼外；子房无柄。荚果长圆形，长2～4厘米，被锈色柔毛；种子10～15粒。花果期8月至翌年5月。

分布：中国福建、台湾、广东、广西、四川、云南，江苏、山东有栽培；原产印度，现广泛栽培或逸生于亚洲、非洲、大洋洲、美洲热带和亚热带地区。

生境：生荒地路旁及山坡疏林中。

水分生态类型：中生。

饲用等级：良等。

其他用途：药用、观赏、编织材料、造纸、绿肥。

模式图（引自《中国饲用植物》）

种子

猪屎豆

学名：*Crotalaria pallida* Ait.

英文名：Pale Rattlebox

别名：无

形态特征：多年生草本，或呈灌木状；茎枝圆柱形，具小沟纹，密被紧贴的短柔毛。托叶极细小，刚毛状，通常早落；叶三出，柄长2～4厘米；小叶长圆形或椭圆形，长3～6厘米，宽1.5～3厘米，先端钝圆或微凹，基部阔楔形，上面无毛，下面略被丝光质短柔毛，两面叶脉清晰；小叶柄长1～2毫米。总状花序顶生，长达25厘米，有花10～40朵；苞片线形，长约4毫米；早落，小苞片的形状与苞片相似，长约2毫米，花时极细小，长不及1毫米，生萼筒中部或基部；花梗长3～5毫米；花萼近钟形，长4～6毫米，五裂，萼齿三角形，约与萼筒等长，密被短柔毛；花冠黄色，伸出萼外，旗瓣圆形或椭圆形，直径约10毫米，基部具胼胝体二枚，翼瓣长圆形，长约8毫米，下部边缘具柔毛，龙骨瓣最长，约12毫米，弯曲，几达90度，具长喙，基部边缘具柔毛；子房无柄。荚果长圆形，长3～4厘米，径5～8毫米，幼时被毛，成熟后脱落，果瓣开裂后扭转；种子20～30颗。花果期9—12月。

分布：中国福建、台湾、广东、广西、四川、云南、山东、浙江；美洲、非洲、亚洲热带、亚热带地区也有分布。

生境：山坡草地、灌丛中。

水分生态类型：中生。

饲用等级：良等。

其他用途：药用。

模式图（引自《中国植物志》）

十二、山蚂蟥属*Desmodium* Desv.

大叶山蚂蟥

学名：*Desmodium gangeticum*（L.）DC.

英文名：Bigleaf Mountain leech

别名：大叶山绿豆、恒河山绿豆、蝉豆

形态特征：直立或近直立亚灌木，高可达1米。茎柔弱，稍具棱，被稀疏柔毛，分枝多。叶具单小叶；托叶狭三角形或狭卵形，长约1厘米，宽1~3毫米；叶柄长1~2厘米，密被直毛和小钩状毛；小叶纸质，长椭圆状卵形，有时为卵形或披针形，大小变异很大，长3~13厘米，宽2~7厘米，先端急尖，基部圆形，上面除中脉外，其余无毛，下面薄被灰色长柔毛，侧脉每边6~12条，直达叶缘，全缘；小托叶钻形，长2~9毫米；小叶柄长约3毫米，毛被与叶柄同。总状花序顶生和腋生，但顶生者有时为圆锥花序，长10~30厘米，总花梗纤细，被短柔毛，花2~6朵生于每一节上，节疏离；苞片针状，脱落；花梗长2~5毫米，被毛；花萼宽钟状，长约2毫米，被糙伏毛，裂片披针形，较萼筒稍长，上部裂片先端微2裂；花冠绿白色长3~4毫米，旗瓣倒卵形，基部渐狭，具不明显的瓣柄，翼瓣长圆形，基部具耳和短瓣柄，龙骨瓣狭倒卵形，无耳；雄蕊二体，长3~4毫米；雌蕊长4~5毫米，子房线形，被毛，花柱上部弯曲。荚果密集，略弯曲，长1.2~2厘

米，宽约2.5毫米，腹缝线稍直，背缝线波状，有荚节6～8，荚节近圆形或宽长圆形长2～3毫米，被钩状短柔毛。花期4—8月，果期8—9月。

分布：中国广东、海南及沿海岛屿、广西、云南南部及东南部、台湾中部和南部；斯里兰卡、印度、缅甸、泰国、越南、马来西亚、热带非洲和大洋洲也有分布。

生境：荒地草丛中或次生林中。

水分生态类型：中生。

饲用等级：良等。

其他用途：无。

果枝

花枝

叶

假地豆

学名：*Desmodium heterocarpon*（L.）DC.

英文名：Heterocarpus Mountain leech

别名：异叶假地豆、假花生、稗豆

形态特征：小灌木或亚灌木。茎直立或平卧，高30～150厘米，基部多分枝，后变无毛。叶为羽状三出复叶，小叶3；托叶宿存，狭三角形，长5～15毫米，先端长尖，基部宽，叶柄长1～2厘米，略被柔毛；小叶纸质，顶生小叶椭圆形、长椭圆形或宽倒卵形，长2.5～6厘米，宽1.3～3厘米，侧生小叶通常较小，先端圆或钝，微凹，具短尖，基部钝，上面无毛，无光泽，下面被贴伏白色短柔毛，全缘，侧脉每边5～10条，不达叶缘；小托叶丝状，长约5毫米；小叶柄长1～2毫米，密被糙伏毛。总状花序顶生或腋生，长2.5～7厘米，总花梗密被淡黄色开展的钩状毛；花极密，每2朵生于花序的节上；苞片卵状披针形，被缘毛，在花未开放时呈覆瓦状排列；花梗长3～4毫米，近无毛或疏被毛；花萼长1.5～2毫米，钟形，4裂，疏被柔毛，裂片三角开，较萼筒稍短，上部裂片先端微2裂；花冠紫红色，紫色或白色，长约5毫米，旗瓣倒卵状长圆形先端圆至微缺，基部具短瓣柄，翼瓣倒卵形，具耳和瓣柄，龙骨瓣极弯曲，先端钝；雄蕊二体，长约5毫米；雌蕊长约6毫米，子房无毛或被毛，花柱无毛。荚果密集，狭长圆形，长12～20毫米，宽2.5～3毫米，腹缝线浅波状，腹背两缝线被钩状毛，有荚节4～7，荚节近方形。花期7—10月，果期10—11月。

　　分布：中国长江以南各省区，西至云南，东至台湾；印度、斯里兰卡、缅甸、泰国、越南、柬埔寨、老挝、马来西亚、日本、太平洋群岛及大洋洲亦有分布。

　　生境：山坡草地、水旁、灌丛或林中。

　　水分生态类型：中生。

　　饲用等级：良等。

　　其他用途：药用。

果序

花序

叶

单节假木豆

学名：*Dendrolobium lanceolatum*（Dunn）Schindl.

英文名：Lanceolate Fake Woodbean

别名：小叶山木豆

形态特征：灌木，高1~3米。嫩枝微具棱角，被黄褐色长柔毛，老时渐变圆柱状而无毛。叶为三出羽状复叶；托叶披针形，长5~12毫米；叶柄长0.5~2厘米，具沟槽；小叶硬纸质，长圆形或长圆状披针形，长2~5厘米，宽0.9~1.9厘米，侧生小叶较小，两端均钝或急尖，上面无毛，下面被贴伏短柔毛，脉上毛较密，侧脉每边4~7条，不达叶缘，在下面隆起；小托叶针形，长2~3毫米；小叶柄长2~3毫米，被柔毛。花序腋生，近伞形，长10~15毫米，约有花10朵，结果时因花轴延长呈短的总状果序，花轴被黄褐色柔毛；苞片披针形；花梗长约2毫米，被柔毛；花萼长4毫米，外面被贴伏柔毛，上部一裂片较宽卵形，长1.5~2毫米，下部一裂片较长，狭披针形，长3~4.2毫米；花白色或淡黄色，旗瓣椭圆形，长6~9毫米，宽5~6毫米，具瓣柄，翼瓣狭长圆形，长5~6毫米，宽1.5~2毫米，龙骨瓣近镰刀状，长7~9毫米，宽约2.5毫米；雄蕊长7~8毫米；雌蕊长7~8毫米，花柱长约7毫米，子房被疏柔毛。荚果有1荚节，宽椭圆形或近圆形，长8~10毫米，宽6~7毫米，扁平而中部凸起，无毛，有明显的网脉。种子1颗，宽椭圆形，长约3毫米，宽约2毫米。花期5—8月，果期9—11月。

分布：中国海南；越南、泰国亦有分布。

生境：溪边草地、山坡灌丛或疏林中。

水分生态类型：中生。

饲用等级：良等。

其他用途：无。

花枝 叶

十三、野扁豆属*Dunbaria* Wight et Arn.

野扁豆

学名：*Dunbaria villosa*（Thunb.）Makino

英文名：Villous Dunbaria

别名：毛野扁豆、野赤小豆

形态特征：多年生缠绕草本。茎细弱，微具纵棱，略被短柔毛。叶具羽状3小叶；托叶细小，常早落；叶柄纤细，长0.8～2.5厘米，被短柔毛；小叶薄纸质，顶生小叶较大，菱形或近三角形，侧生小叶较小，偏斜，长1.5～3.5厘米，宽2～3.7厘米，先端渐尖或急尖，尖头钝，基部圆形，宽楔形或近截平，两面微被短柔毛或有时近无毛，有锈色腺点，小叶干后略带黑褐色；基出脉3；侧脉每边1～2条；小托叶极小；小叶柄长约1毫米，密被极短柔毛。总状花序或复总状花序腋生，长1.5～5厘米；密被极短柔毛；花2～7朵，长约1.5厘米；花萼钟状，被短柔毛和锈色腺点，长5～9毫米，4齿裂，裂片披针形或线状披针形，不等长，通常下面一枚最长；花冠黄色，旗瓣近圆形或横椭圆形，基部具短瓣柄；翼瓣镰状，基部具瓣柄和一侧具耳，龙骨瓣与翼瓣相仿，但极弯，先端具喙，基部具长瓣柄；子房密被短柔毛和锈色腺点。荚果线状长圆形，长3～5厘米，宽约8毫米，扁平稍弯，被短柔毛或有时近无毛，先端具喙，果无果颈或具极短果颈；种子6～7粒，近圆形，长约4毫米，宽约3毫米，黑色。花期7—9月。

　　分布：中国江苏、浙江、安徽、江西、湖北、湖南、广西、贵州；日本、朝鲜、老挝、越南、柬埔寨亦有分布。

　　生境：旷野或山谷路旁灌丛中。

　　水分生态类型：中生。

　　饲用等级：良等。

　　其他用途：无。

花枝

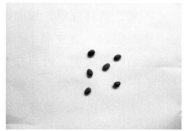

种子

植株

十四、千斤拔属 *Flemingia* Roxb.ex Ait

大叶千斤拔

学名：*Flemingia macrophylla*（Willd.）Prain

英文名：Largeleaf Flemingia

别名：假乌豆草、皱面树

形态特征：直立灌木，高0.8～2.5米。幼枝有明显纵棱，密被紧贴丝质柔毛。叶具指状3小叶：托叶大，披针形，长可达2厘米，先端长尖，被短柔毛，具腺纹，常早落；叶柄长3～6厘米，具狭翅，被毛与幼枝同；小叶纸质或薄革质，顶生小叶宽披针形至椭圆形，长8～15厘米，宽4～7厘米，先端渐尖，基部楔形；基出脉3，两面除沿脉上被紧贴的柔毛外，通常无毛，下面被黑褐色小腺点，侧生小叶稍小，偏斜，基部一侧圆形，另一侧楔形；基出脉2～3；小叶柄长2～5毫米，密被毛。总状花序常数个聚生于叶腋，长3～8厘米，常无总梗；花多而密集；花梗极短；花萼钟状，长6～8毫米，被丝质短柔毛，裂齿线状披针形，较萼管长1倍，下部一枚最长，花序轴、苞片、花梗均密被灰色至灰褐色柔毛；花冠紫红色，稍长于萼，旗瓣长椭圆形，具短瓣柄及2耳，翼瓣狭椭圆形，一侧略具耳，瓣柄纤细，龙骨瓣长椭圆形，先端微弯，基部具长瓣柄和一侧具耳；雄蕊二体；子房椭圆形，被丝质毛，花柱纤细。荚果椭圆形，长1～1.6厘米，宽7～9毫米，褐色，略被短柔毛，先端具小尖喙；种子1～2粒，球形光亮黑色。花期6—9月，果期10—12月。

分布：中国云南、贵州、四川、江西、福建、台湾、广东、海南、广西；印度、孟加拉、缅甸、老挝、越南、柬埔寨、马来西亚、印度尼西亚亦有分布。

生境：旷野草地上或灌丛中，山谷路旁和疏林阳处亦有生长。

水分生态类型：中生。

饲用等级：中等。

其他用途：药用。

花枝

植株

果枝

千斤拔

学名：*Flemingia philippinensis* Merr. et Rolfe

英文名：Philippinensis Flemingia

别名：蔓千斤拔、吊马桩、吊马墩、一条根、老鼠尾、钻地风

形态特征：直立或披散亚灌木。幼枝三棱柱状，密被灰褐色短柔毛。叶具指状3小叶；托叶线状披针形，长0.6～1厘米，有纵纹，被毛，先端细尖，宿存；叶柄长2～2.5厘米；小叶厚纸质，长椭圆形或卵状披针形，偏斜长4～7（9）厘米，宽1.7～3厘米，先端钝，有时有小凸尖，基部圆形，上面被疏短柔毛，背面密被灰褐色柔毛；小叶柄极短，密被短柔毛。总状花序腋生，通常长2～2.5厘米，各部密被灰褐色至灰白色柔毛；苞片狭卵状披针形；花密生，具短梗；萼裂片披针形，远较萼管长，被灰白色长伏毛；花冠紫红色，约与花萼等长，旗瓣长圆形，基部具极短瓣柄，两侧具不明显的耳，翼瓣镰状，基部具瓣柄及一侧具微耳，龙骨瓣椭圆状，略弯，基部具瓣柄，一侧具1尖耳；雄蕊二体；子房被毛。荚果椭圆状，长7～8毫米，宽约5毫米，被短柔毛；种子2粒，近圆球形，黑色。花、果期夏秋季。

分布：中国云南、四川、贵州、湖北、湖南、广西、广东、海南、江西、福建和台湾；菲律宾亦有分布。

生境：海拔50～300米的平地旷野或山坡路旁草地上。

水分生态类型：中生。

饲用等级：中等。

其他用途：药用。

果枝

植株

球穗千斤拔

学名：*Flemingia strobilifera*（L.）Ait.

英文名：Conespike Flemingia

别名：大苞千斤拔、半灌木千斤拔

形态特征：直立或近蔓延状灌木，高0.3～3米。小枝具棱，密被灰色至灰褐色柔毛。单叶互生，近革质，卵形、卵状椭圆形、宽椭圆状卵形或长圆形，长6～15厘米，宽3～7厘米，先端渐尖、钝或急尖，基部圆形或微心形，两面除中脉或侧脉外无毛或几无毛，侧脉每边5～9条；叶柄长0.3～1.5厘米，密被毛；托叶线状披针形，长0.8～1.8厘米，宿存或脱落。小聚伞花序包藏于贝状苞片内，复再排成总状或复总状花序，花序长5～11厘米，序轴密被灰褐色柔毛；贝状苞片纸质至近膜质，长1.2～3厘米，宽2～4.4厘米，先端截形或圆形，微凹或有细尖。花小；花梗长1.5～3毫米；花萼微被短柔毛。萼齿卵形，略长于萼管，花冠伸出萼外。荚果椭圆形，膨胀，长6～10毫米，宽4～5毫米，略被短柔毛，种子2粒，近球形，常黑褐色。花期春夏，果期秋冬。

分布：中国云南、贵州、广西、广东、海南、福建、台湾；印度、孟加拉、缅甸、斯里兰卡、印度尼西亚、菲律宾、马来西亚亦有分布。

生境：海拔200～1 580米的山坡草丛或灌丛中。

水分生态类型：中生。

饲用等级：中等。

其他用途：药用。

果枝

植株

十五、大豆属 *Glyxine* Willd.

野大豆

学名：*Glycine soja* Sieb. et Zucc.

英文名：Wild Soybean

别名：落豆秧、山黄豆、乌豆

形态特征：一年生缠绕草本，长1～4米。茎、小枝纤细，全体疏被褐色长硬毛。叶具3小叶，长可达14厘米；托叶卵状披针形，急尖，被黄色柔毛。顶生小叶卵圆形或卵状披针形，长3.5～6厘米，宽1.5～2.5厘米，先端锐尖至钝圆，基部近圆形，全缘，两面均被绢状的糙伏毛，侧生小叶斜卵状披针形。总状花序通常短，稀长可达13厘米；花小，长约5毫米；花梗密生黄色长硬毛；苞片披针形；花萼钟状，密生长毛，裂片5，三角状披针形，先端锐尖；花冠淡红紫色或白色，旗瓣近圆形，先端微凹，基部具短瓣柄，翼瓣斜倒卵形，有明显的耳，龙骨瓣比旗瓣及翼瓣短小，密被长毛；花柱短而向一侧弯曲。荚果长圆形，稍弯，两侧稍扁，长17～23毫米，宽4～5毫米，密被长硬毛，种子间稍缢缩，干时易裂；种子2～3粒，椭圆形，稍扁，长2.5～4毫米，宽1.8～2.5毫米，褐色至黑色，花期7—8月，果期8—10月。

分布：除新疆、青海和海南外，遍布全国。

生境：海拔150～2 650米潮湿的田边、园边、沟旁、河岸、湖边、沼泽、草甸、沿海和岛屿向阳的矮灌木丛或芦苇丛中。

水分生态类型：中生。

饲用等级：优等。

其他用途：绿肥、水土保持、编织材料、食用、药用、榨油、肥料。

果枝

种子

植株

十六、甘草属 *Glycyrrhiza* L.

刺果甘草

学名：*Glycyrrhiza pallidiflora* Maxim.

英文名：Pricklefruit Licorice

别名：头序甘草、山大料

形态特征：多年生草本。根和根状茎无甜味。茎直立，多分枝，高1~1.5米，具条棱，密被黄褐色鳞片状腺点，几无毛。叶长6~20厘米；托叶披针形，长约5毫米；叶柄无毛，密生腺点；小叶9~15枚，披针形或卵状披针形，长2~6厘米，宽1.5~2厘米，上面深绿色，下面淡绿色，两面均密被鳞片状腺体，无毛，顶端渐尖，具短尖，基部楔形，边缘具微小的钩状细齿。总状花序腋生，花密集成球状；总花梗短于叶，密生短柔毛及黄色鳞片状腺点；苞片卵状披针形，长6~8毫米，膜质，具腺点；花萼钟状，长4~5毫米，密被腺点，基部常疏被短柔毛；萼齿5，披针形，与萼筒近等长；花冠淡紫色、紫色或淡紫红色，旗瓣卵圆形，长6~8毫米，顶端圆，基部具短瓣柄，翼瓣长5~6毫米，龙骨瓣稍短于翼瓣。果序呈椭圆状，荚果卵圆形，长10~17毫米，宽6~8毫米，顶端具突尖，外面被长约5毫米刚硬的刺。种子2粒，黑色，圆肾形，长约2毫米。花期6—7月，果期7—9月。

分布：中国东北、华北各省区及陕西、山东、江苏；俄罗斯远东地区也有。

　　生境：河边草地、岸边、田野、路旁。

　　水分生态类型：中旱生。

　　饲用等级：中等。

　　其他用途：绿肥、薪碳材料、蜜源、固沙保土。

果枝

植株

圆果甘草

学名：*Glycyrrhiza squamulosa* Franch.

英文名：Roundfruit Licorice

别名：马兰秆

形态特征：多年生草本；根与根状茎细长，外面灰褐色，内面淡黄色，无甜味。茎直立，多分枝，高30～60厘米，密被黄色鳞片状腺点，无毛或疏被白色短柔毛。叶长5～15厘米；托叶披针形，长2～3毫米，疏被白色短柔毛及腺点；叶柄密被鳞片状腺点，疏被短柔毛；小叶9～13，长椭圆形至长圆状倒卵形，顶端圆，通常微凹，基部楔形，边缘具微小的刺毛状细齿，上面深绿色，下面灰绿色，两面均密被鳞片状腺点。总状花序腋生，具多数花；总花梗长于叶，密被鳞片状腺点和疏生的短柔毛；苞片披针形，膜质，被腺点及短柔毛；花萼钟状，长2.5～3.5毫米，密被鳞片状腺点及疏生短柔毛，萼齿5，披针形，长1～1.5毫米，上部的2齿稍连合；花冠白色，背面密被黄色腺点，旗瓣卵状长圆形，长57毫米，宽2.5～3.5毫米，瓣柄长约1毫米，翼瓣长4～5毫米，龙骨瓣直，稍短于翼瓣。荚果近圆形或圆肾形，长5～10毫米，宽4～7毫米，背面凸，腹面平，顶端具小短尖，成熟时褐色，表面具瘤状凸起，密被黄色鳞片状腺点。种子2粒，绿色，肾形，长约2毫米，宽约1.5毫米。花期5—7月，果期6—9月。

分布：中国内蒙古、河北、山西、宁夏、新疆；蒙古国也有。

生境：河岸阶地、路边、荒地，盐碱地也能生长。

水分生态类型：中旱生。

饲用等级：良等。

其他用途：绿肥。

模式图（引自《中国高等植物图鉴》）

甘草

学名：*Glycyrrhiza uralensis* Fisch

英文名：Ural Licorice

别名：甜草、国老、甜根子

形态特征：多年生草本；根与根状茎粗壮，直径1～3厘米，外皮褐色，里面淡黄色，具甜味。茎直立，多分枝，高30～120厘米，密被鳞片状腺点、刺毛状腺体及白色或褐色的绒毛，叶长5～20厘米；托叶三角状披针形，长约5毫米，宽约2毫米，两面密被白色短柔毛；叶柄密被褐色腺点和短柔毛；小叶5～17枚，卵形、长卵形或近圆形，长1.5～5厘米，宽0.8～3厘米，上面暗绿色，下面绿色，两面均密被黄褐色腺点及短柔毛，顶端钝，具短尖，基部圆，边缘全缘或微呈波状。总状花序腋生，具多数花，总花梗短于叶，密生褐色的鳞片状腺点和短柔毛；苞片长圆状披针形，长3～4毫米，褐色，膜质，外面被黄色腺点和短柔毛；花萼钟状，长7～14毫米，密被黄色腺点及短柔毛，基部偏斜并膨大呈囊状，萼齿5，与萼筒近等长，上部2齿大部分连合；花冠紫色、白色或黄色，长10～24毫米，旗瓣长圆形，顶端微凹，基部具短瓣柄，翼瓣短于旗瓣，龙骨瓣短于翼瓣；子房密被刺毛状腺体。荚果弯曲呈镰刀状或呈环状，密集成球，密生瘤状凸起和刺毛状腺体。种子3～11粒，暗绿色，圆形或肾形，长约3毫米。花期6—8月，果期7—10月。

分布：中国东北、华北、西北各省区及山东；蒙古国及俄罗斯西伯利亚地区也有。

生境： 干旱沙地、河岸砂质地、山坡草地及盐渍化土壤中。

水分生态类型： 中旱生。

饲用等级： 良等。

其他用途： 药用、泡沫剂材料、香料剂材料。

叶　　　　　　　　植株

种子

十七、米口袋属*Gueldenstaedtia* Fisch.

狭叶米口袋

学名：*Gueldenstaedtia stenophylla* Bunge

英文名：Narrowleaf Gueldenstaedtia

别名：地丁、细叶米口袋

形态特征：多年生草本，主根细长，分茎较缩短，具宿存托叶。叶长1.5～15厘米，被疏柔毛；叶柄约为叶长的2/5；托叶宽三角形至三角形，被稀疏长柔毛，基部合生；小叶7～19片，早春生的小叶卵形，夏秋的线形，长0.2～3.5厘米，宽1～6毫米，先端急尖，钝头或截形，顶端具细尖，两面被疏柔毛。伞形花序具2～3朵花，有时4朵；总花梗纤细，被白色疏柔毛，在花期较叶为长；花梗极短或近无梗；苞片及小苞片披针形，密被长柔毛；萼筒钟状，长4～5毫米，上2萼齿最大，长1.5～2.3毫米，下3萼齿较狭小；花冠粉红色；旗瓣近圆形，长6～8毫米，先端微缺，基部渐狭成瓣柄，翼瓣狭楔形具斜截头，长7毫米，瓣柄长2毫米，龙骨瓣长4.5毫米，被疏柔毛。种子肾形，直径1.5毫米，具凹点。花期4月，果期5—6月。

分布：中国内蒙古、河北、山西、陕西、甘肃、浙江、河南及江西北部。

生境：向阳的山坡、草地等处。

水分生态类型：旱生。

饲用等级：优等。

其他用途：药用。

荚果

植株

少花米口袋

学名：*Gueldenstaedtia verna*（Georgi）Boriss.

英文名：Few-flower Gueldenstaedtia

别名：小米口袋

形态特征：多年生草本，主根直下，分茎具宿存托叶。叶长2～20厘米；托叶三角形，基部合生；叶柄具沟，被白色疏柔毛；小叶7～19片，长椭圆形至披针形，长0.5～2.5厘米，宽1.5～7毫米，钝头或急尖，先端具细尖，两面被疏柔毛，有时上面无毛。伞形花序有花2～4朵，总花梗约与叶等长；苞片长三角形，长2～3毫米；花梗长0.5～1毫米；小苞片线形，长约为萼筒的1/2；花萼钟状，长5～7毫米，被白色疏柔毛；萼齿披针形，上2萼齿约与萼筒等长，下3萼齿较短小，最下一片最小；花冠红紫色，旗瓣卵形，长13毫米，先端微缺，基部渐狭成瓣柄，翼瓣瓣片倒卵形具斜截头，长11毫米，具短耳，瓣柄长3毫米，龙骨瓣瓣片倒卵形，长5.5毫米，瓣柄长2.5毫米；子房椭圆状，密被疏柔毛，花柱无毛，内卷。荚果长圆筒状，长15～20毫米，直径3～4毫米，被长柔毛，成熟时毛稀疏，开裂。种子圆肾形，直径1.5毫米，具不深凹点。花期5月，果期6—7月。

分布：中国黑龙江北部及内蒙古东部；俄罗斯西伯利亚地区也有分布。

生境：草原带的沙质草原、石质草原或山坡。

水分生态类型：旱生。

饲用等级：良等。

其他用途：药用。

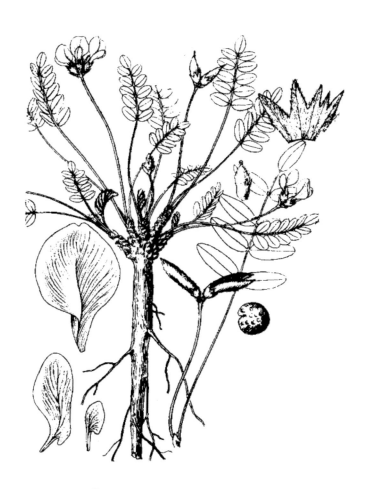

模式图（引自《中国植物志》）

十八、岩黄耆属*Hedysarum* L.

山岩黄耆

学名：*Hedysarum alpinum* L.

英文名：Alpine Sweetvetch

别名：高山岩黄耆

形态特征：多年生草本，高50～120厘米。根为直根系，主根深长，粗壮。茎多数，直立，具细条纹，无毛或上部枝条被疏柔毛，基部被多数无叶片的托叶所包围。叶长8～12厘米；托叶三角状披针形，棕褐色干膜质，长10～14毫米，合生至上部；叶轴无毛；小叶9～17，具1～2毫米长的短柄；小叶片卵状长圆形或狭椭圆形，长15～30毫米，宽4～7毫米，先端钝圆，具不明短尖头，基部圆形或圆楔形，上面无毛，下面被灰白色贴伏短柔毛，主脉和侧脉明显隆起。总状花序腋生，长16～24厘米，总花梗和花序轴被短柔毛；花多数，长12～16毫米，较密集着生，稍下垂，时而偏向一侧，具2～4毫米长的花梗；苞片钻状披针形，暗褐色干膜质，等于或稍长于花梗，外被短柔毛；花萼钟状，长约4毫米，被短柔毛，萼齿三角状钻形，长为萼筒的1/4或1/3，下萼齿较长；花冠紫红色，旗瓣倒长卵形，长约10毫米，先端钝圆、微凹，翼瓣线形，等于或稍长于旗瓣，龙骨瓣长于旗瓣约2毫米；子房线形，无毛。荚果3～4节，节荚椭圆形或倒卵形，长6～8毫米，宽4～5毫米，无毛，两侧扁平，具细网状脉纹，边缘无明显的狭边，果柄明显地从萼筒中伸出。种子圆肾形，黄褐色，长约2毫米，宽约1.5毫米。花期7—8月，果期8—9月。

分布：中国新疆（阿尔泰）、内蒙古和东北地区；俄罗斯、蒙古国北部、朝鲜北部和北美也有分布。

生境：河谷草甸、林间草甸、林缘、灌丛及草甸草原的伴生种。

水分生态类型：中生。

饲用等级：优等。

其他用途：绿肥、观赏。

果枝　　　　　　　植株

荚果

山竹岩黄耆

学名：*Hedysarum fruticosum* Pall.

英文名：Shrubby Sweetvetch

别名：山竹子

形态特征：半灌木或小半灌木，高40～80厘米。根系发达，主根深长，茎直立，多分枝，幼枝被灰白色柔毛；老枝常无毛，外皮灰白色。叶长8～14厘米；托叶卵状披针形，长4～5毫米，棕褐色干膜质，基部合生，外面被贴伏短柔毛，早落；叶轴被短柔毛，小叶11～19，被短柔毛，小叶柄长1毫米左右；小叶片通常椭圆形或长圆形，长14～22毫米，宽3～6毫米，先端钝圆或急尖，基部楔形，上面被疏短柔毛，背面密被短柔毛。总状花序腋生，花序与叶近等高，花序轴被短柔毛，具4～14朵花；花长15～21毫米，具2～3毫米长的花梗，疏散排列；苞片三角状卵形，长约1毫米；花萼钟状，长5～6毫米，被短柔毛，萼齿三角状，近等长，先端渐尖，长为萼筒的1/2，侧萼齿与上萼齿之间分裂较深，花冠紫红色，旗瓣倒卵圆形，长14～20毫米，先端圆形，微凹，基部渐狭为瓣柄，翼瓣三角状披针形，等于或稍短于龙骨瓣的瓣柄，龙骨瓣等于或稍短于旗瓣；子房线形，被短柔毛。荚果2～3节；节荚椭圆形，长5～7毫米，宽3～4毫米，两侧膨胀，具细网纹，幼果密被短柔毛，后逐渐变疏，成熟荚果具细长的刺。种子肾形，黄褐色，长约5毫米，宽约3毫米，花期7～8月，果期8—9月。

分布：中国内蒙古东部和东北；俄罗斯西伯利亚和蒙古国也有分布。

生境：草原带沿河、湖沙地、沙丘或古河床沙地。

水分生态类型：中旱生。

饲用等级：良等。

其他用途：固沙。

花枝

植株

塔落岩黄耆（变种）

学名：*Hedysarum fruticosum* Pall. var. *laeve*（Maxim.）H. C. Fu

英文名：Leaf Sweetvetch

别名：羊柴

形态特征：半灌木，高100~150厘米。根系发达。单数羽状复叶，小叶9~17，条形或条状长圆形；叶轴完全着生小叶。总状花序腋生，具4~10朵花；花紫红色；花萼钟形，上萼齿2，较短，下萼齿3，较长；花冠蝶形，旗瓣倒卵形，先端微凹，翼瓣小，龙骨瓣长于翼瓣而短于旗瓣；子房无毛。荚果具2~3荚节，有时仅1节发育，无毛，具喙。种子圆形，黄褐色。本变种与原变种的主要区别在于子房和荚果无毛和刺。

分布：中国宁夏东部、陕西北部、内蒙古南部和山西最北部的草原地区。

生境：流沙地或半固定沙丘和沙地。

水分生态类型：中旱生。

饲用等级：良等。

其他用途：固沙、薪碳材料。

植株

花枝

荚节

蒙古岩黄耆（变种）

学名：*Hedysarum fruticosum* Pall. var. *mongolicum*（Turcz.）Turcz. ex B. Fedtsch.

英文名：Mongolian Sweetvetch

别名：无

形态特征：半灌木。茎直立，多分枝，高1.5~2米。单数羽状复叶，小叶9~17，植株下部的小叶长8~15毫米，宽4~6毫米，椭圆形或宽椭圆形，先端微凹或圆形，上部的小叶长4~7毫米，宽2~3毫米，条状矩圆形，先端具凸头，总状花序腋生，具4~8朵花；花紫红色；花萼钟状，被短柔毛，萼齿三角形，萼齿长为萼筒的1/3；旗瓣倒卵形，顶端微凹；翼瓣为旗瓣的1/4~1/3，具长耳；龙骨瓣稍短于旗瓣；子房密被短柔毛。荚果具1~2荚节，两面稍凸，具网纹，中部具疣状凸起，被柔毛。本变种与原变种的主要区别在于其荚果无刺。

分布：中国内蒙古东部和东北西部。

生境：沿河或古河道沙地。

水分生态类型：旱生。

饲用等级：良等。

其他用途：固沙。

植株

华北岩黄耆

学名：*Hedysarum gmelinii* Ledeb

英文名：Gmelin Sweetvetch

别名：无

形态特征：多年生草本，高20～30厘米。根木质化，粗达1厘米；根茎向上多分枝。茎2～3节，基部仰卧，具细的棱状条纹，被贴伏的或有时为开展的短柔毛。叶长6～10厘米，具等于或稍短于叶片的柄；托叶披针形，棕褐色干膜质，长7～9毫米，合生至上部，外被短柔毛；叶轴被短柔毛；小叶11～13，具长约1毫米的短柄；小叶片长卵形、卵状长椭圆形或卵状长圆形，长8～20毫米，宽4～6毫米，先端钝圆，基部圆楔形，上面无毛，下面沿脉被贴伏短柔毛。总状花序腋生，明显超出叶，总花梗和花序轴被短柔毛；花10～25朵，长18～20毫米，长升，具短花梗；苞片披针形，棕褐色，长2～3毫米，外被短柔毛；萼钟状，长7～10毫米，被贴伏和开展的柔毛，萼齿钻状披针形，长为萼筒的1.5～2.5倍；花冠玫瑰紫色，旗瓣倒卵形，长15～17毫米，先端钝圆、微凹，翼瓣线形，长为旗瓣的2/3或3/4，龙骨瓣等于或稍短于旗瓣；子房线形，被短柔毛，缝线被毛较密。荚果2～3节，节荚圆形或阔卵形，被短柔毛，两侧膨胀，具隆起的脉纹乳突和弯曲的皮刺，有时亦无明显的刺。花期7—8月，果期8—9月。

分布：中国内蒙古东部和新疆北部；哈萨克斯坦、乌兹别克斯坦、土库曼斯坦、吉尔吉斯斯坦、塔吉克斯坦、俄罗斯西伯利亚和蒙古国也有分布。

生境：草原或山地草原的砾石质山坡和砂砾质干河滩。

水分生态类型：旱生。

饲用等级：良等。

其他用途：固沙。

植株

果枝

花序

红花岩黄耆

学名：*Hedysarum multijugum* Maxim.

英文名：Multijugate Sweetvetch

别名：豆花牛脖筋

形态特征：半灌木或仅基部木质化而呈草本状，高40～80厘米，茎直立，多分枝，具细条纹，密被灰白色短柔毛。叶长6～18厘米；托叶卵状披针形，棕褐色干膜质，长4～6毫米，基部合生，外被短柔毛；叶轴被灰白色短柔毛；小叶通常15～29，具约长1毫米的短柄；小叶片阔卵形、卵圆形，一般长5～8（～15）毫米，宽3～5（～8）毫米，顶端钝圆或微凹，基部圆形或圆楔形，上面无毛，下面被贴伏短柔毛。总状花序腋生，上部明显超出叶，花序长达28厘米，被短柔毛；花9～25朵，长16～21毫米，外展或平展，疏散排列，果期下垂，苞片钻状，长1～2毫米，花梗与苞片近等长；萼斜钟状，长5～6毫米，萼齿钻状或锐尖，短于萼筒3～4倍，下萼齿稍长于上萼齿或为其2倍，通常上萼齿间分裂深达萼筒中部以下，亦有时两侧萼齿与上萼间分裂较深；花冠紫红色或玫瑰状红色，旗瓣倒阔卵形，先端圆形，微凹，基部楔形，翼瓣线形，长为旗瓣的1/2，龙骨瓣稍短于旗瓣；子房线形，被短柔毛。荚果通常2～3节，节荚椭圆形或半圆形，被短柔毛，两侧稍凸起，具细网纹，网结通常具不多的刺，边缘具较多的刺。花期6—8月，果期8—9月。

分布：中国四川、西藏、新疆、青海、甘肃、宁夏、陕西、山西、内蒙古、河南和湖北。

生境：荒漠地区的砾石质洪积扇、河滩，草原地区的砾石质山坡以及某些落叶阔叶林地区的干燥山坡和砾石河滩。

水分生态类型：中旱生。

饲用等级：良等。

其他用途：水土保持、固沙、蜜源、观赏。

荚节

模式图（引自《中国饲用植物》）

细枝岩黄耆

学名：*Hedysarum scoparium* Fisch. et Mey

英文名：Slenderbranch Sweetvetch

别名：花棒、花柴、花帽

形态特征：半灌木，高80～300厘米。茎直立，多分枝，幼枝绿色或淡黄绿色，被疏长柔毛，茎皮亮黄色，呈纤维状剥落。托叶卵状披针形。褐色干膜质，长5～6毫米，下部合生，易脱落。茎下部叶具小叶7～11，上部的叶通常具小叶3～5，最上部的叶轴完全无小叶或仅具1枚顶生小叶；小叶片灰绿色，线状长圆形或狭披针形，长15～30毫米，宽3～6毫米，无柄或近无柄，先端锐尖，具短尖头，基部楔形，表面被短柔毛或无毛，背面被较密的长柔毛。总状花序腋生，上部明显超出叶，总花梗被短柔毛；花少数，长15～20毫米，外展或平展，疏散排列；苞片卵形，长1～1.5毫米；具2～3毫米的花梗；花萼钟状，长5～6毫米，被短柔毛，萼齿长为萼筒的2/3，上萼齿宽三角形，稍短于下萼齿；花冠紫红色，旗瓣倒卵形或倒卵圆形，长14～19毫米，顶端钝圆，微凹，翼瓣线形，长为旗瓣的1半，龙骨瓣通常稍短于旗瓣；子房线形，被短柔毛。荚果2～4节，节荚宽卵形，长5～6毫米，宽3～4毫米，两侧膨大，具明显细网纹和白色密毡毛；种子圆肾形，长2～3毫米，淡棕黄色，光滑。花期6—9月，果期8—10月。

分布：中国新疆北部、青海柴达木东部、甘肃河西走廊、内蒙古、宁夏；哈萨克斯坦和蒙古国也有分布。

生境：半荒漠的沙丘或沙地，荒漠前山冲沟中的沙地。

水分生态类型：旱生。

饲用等级：良等。

其他用途：固沙、薪碳材料、蜜源、油料。

植株

荚节和种子

十九、木蓝属*Indigofera* L.

多花木蓝

学名：*Indigofera amblyantha* Craib

英文名：Pinkflower Indigo

别名：野蓝枝、马黄消、野绿豆

形态特征：直立灌木，高0.8～2米；少分枝。茎褐色或淡褐色，圆柱形，幼枝禾秆色，具棱，密被白色平贴丁字毛，后变无毛。羽状复叶长达18厘米；叶柄长2～5厘米，叶轴上面具浅槽，与叶柄均被平贴丁字毛；托叶微小，三角状披针形，长约1.5毫米；小叶3～4（～5）对，对生，稀互生，形状、大小变异较大，通常为卵状长圆形、长圆状椭圆形、椭圆形或近圆形，长1～3.7（～6.5）厘米，宽1～2（～3）厘米，先端圆钝，具小尖头，基部楔形或阔楔形，上面绿色，疏生丁字毛，下面苍白色，被毛较密，中脉上面微凹，下面隆起，侧脉4～6对，上面隐约可见；小叶柄长约1.5毫米，被毛；小托叶微小。总状花序腋生，长达11（～15）厘米，近无总花梗；苞片线形，长约2毫米，早落；花梗长约1.5毫米；花萼长约3.5毫米，被白色平贴丁字毛，萼筒长约1.5毫米，最下萼齿长约2毫米，两侧萼齿长约1.5毫米，上方萼齿长约1毫米；花冠淡红色，旗瓣倒阔卵形，长6～6.5毫米，先端螺壳状，瓣柄短，外面被毛，翼瓣长约7毫米，龙骨瓣较翼瓣短，长1毫米；花药球形，顶端具小凸尖；子房线形，被毛，有胚珠17～18粒。荚棕褐色，线状圆柱形，长3.5～6（～7）厘米，被短丁字毛，种子间有横隔，内果皮无斑点；种子褐色，长圆形，长约2.5毫米。花期5—7月，果期9—11月。

分布：中国山西、陕西、甘肃、河南、河北、安徽、江苏、浙江、湖南、湖北、贵州、四川。

生境：山坡草地、沟边、路旁灌丛中及林缘。

水分生态类型：中生。

饲用等级：中等。

其他用途：药用。

植株

河北木蓝

学名：*Indigofera bungeana* Walp.

英文名：Bunge Indigo

别名：铁扫帚、野兰枝子

形态特征：直立灌木，高40～100厘米。茎褐色，圆柱形，有皮孔，枝银灰色，被灰白色丁字毛。羽状复叶长2.5～5厘米；叶柄长达1厘米，叶轴上面有槽，与叶柄均被灰色平贴丁字毛；托叶三角形，长约1毫米，早落；小叶2～4对，对生，椭圆形，稍倒阔卵形，长5～1.5毫米，宽3～10毫米，先端钝圆，基部圆形，上面绿色，疏被丁字毛，下面苍绿色，丁字毛较粗；小叶柄长0.5毫米；小托叶与小叶柄近等长或不明显。总状花序腋生，长4～6（～8）厘米；总花梗较叶柄短；苞片线形，长约1.5毫米；花梗长约1毫米；花萼长约2毫米，外面被白色丁字毛，萼齿近相等，三角状披针形，与萼筒近等长；花冠紫色或紫红色，旗瓣阔倒卵形，长达5毫米，外面被丁字毛，翼瓣与龙骨瓣等长，龙骨瓣有距；花药圆球形，先端具小凸尖；子房线形，被疏毛。荚果褐色，线状圆柱形，长不超过2.5厘米，被白色丁字毛，种子间有横隔，内果皮有紫红色斑点；种子椭圆形。花期5—6月，果期8—10月。

分布：中国辽宁、内蒙古、河北、山西、陕西。

生境：山坡、草地或河滩地。

水分生态类型：中生。

饲用等级：良等。

其他用途：药用。

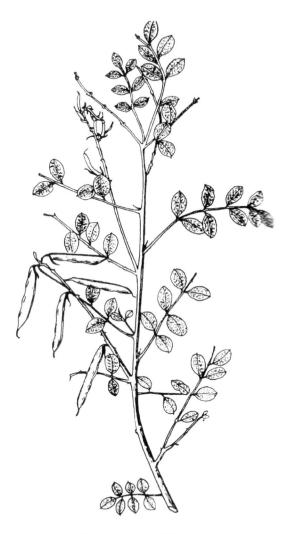

模式图（引自《中国饲用植物》）

二十、鸡眼草属*Kummerowia* Schindl.

长萼鸡眼草

学名：*Kummerowia stipulacea*（Maxim.）Makino

英文名：Japanese Clover

别名：短萼鸡眼草、掐不齐、圆叶鸡眼草

形态特征：一年生草本，高7～15厘米。茎平伏，上升或直立，多分枝，茎和枝上被疏生向上的白毛，有时仅节处有毛。叶为三出羽状复叶；托叶卵形，长3～8毫米，比叶柄长或有时近相等，边缘通常无毛；叶柄短；小叶纸质，倒卵形、宽倒卵形或倒卵状楔形，长5～18毫米，宽3～12毫米，先端微凹或近截形，基部楔形，全缘；下面中脉及边缘有毛，侧脉多而密。花常1～2朵腋生；小苞片4，较萼筒稍短、稍长或近等长，生于萼下，其中1枚很小，生于花梗关节之下，常具1～3条脉；花梗有毛；花萼膜质，阔钟形，5裂，裂片宽卵形，有缘毛；花冠上部暗紫色，长5.5～7毫米，旗瓣椭圆形，先端微凹，下部渐狭成瓣柄，较龙骨瓣短，翼瓣狭披针形，与旗瓣近等长，龙骨瓣钝，上面有暗紫色斑点；雄蕊二体（9+1）。荚果椭圆形或卵形，稍侧偏，长约3毫米，常较萼长1.5～3倍。花期7—8月，果期8—10月。

分布：中国东北、华北、华东（包括台湾）、中南、西北等省区；日本、朝鲜、俄罗斯（远东地区）也有分布。

生境：路旁、草地、山坡、固定或半固定沙丘等处。

水分生态类型：中生。

饲用等级：良等。

其他用途：药用、绿肥、蜜源。

果枝

植株

鸡眼草

学名：*Kummerowia striata*（Thunb.）Schindl.

英文名：Striate Kummerowia

别名：掐不齐、牛黄黄、公母草

形态特征：一年生草本，披散或平卧，多分枝，高（5～）10～45厘米，茎和枝上被倒生的白色细毛。叶为三出羽状复叶；托叶大，膜质，卵状长圆形，比叶柄长，长3～4毫米，具条纹，有缘毛；叶柄极短；小叶纸质，倒卵形、长倒卵形或长圆形，较小，长6～22毫米，宽3～8毫米，先端圆形，稀微缺，基部近圆形或宽楔形，全缘；两面沿中脉及边缘有白色粗毛，但上面毛较稀少，侧脉多而密。花小，单生或2～3朵簇生于叶腋；花梗下端具2枚大小不等的苞片，萼基部具4枚小苞片，其中1枚极小，位于花梗关节处，小苞片常具5～7条纵脉；花萼钟状，带紫色，5裂，裂片宽卵形，具网状脉，外面及边缘具白毛；花冠粉红色或紫色，长5～6毫米，较萼约长1倍，旗瓣椭圆形，下部渐狭成瓣柄，具耳，龙骨瓣比旗瓣稍长或近等长，翼瓣比龙骨瓣稍短。荚果圆形或倒卵形，稍侧扁，长3.5～5毫米，较萼稍长或长达1倍，先端短尖，被小柔毛。花期7—9月，果期8—10月。

分布：中国东北、华北、华东、中南、西南等省区；朝鲜、日本、俄罗斯西伯利亚东部也有分布。

生境：海拔500米以下路旁、田边、溪旁、砂质地或缓山坡草地。

水分生态类型：中生。

饲用等级：良等。

其他用途：药用、绿肥。

植株

二十一、山黧豆属*Lathyrus* L.

矮山黧豆

学名：*Lathyrus humilis* Fisch. ex DC.

英文名：Dwarf Vetchling

别名：矮香豌豆

形态特征：多年生草本，高20～30厘米，茎及根状茎纤细，通常直径1～1.5毫米，根状茎横走。茎直立，稍分枝，被微柔毛。托叶半箭形，通常长10～16毫米，下缘常具齿；叶轴末端具单一或稍分枝的卷须；小叶3～4对，卵形或椭圆形，长（1.5）2～3（～5）厘米，宽（0.7）～1～1.7（～2.5）厘米，先端通常钝，具细尖，基部圆或楔形，全缘，上面绿色，无毛，下面苍白色，被微柔毛或无毛，具羽状脉。总状花序腋生，具2～4朵花，总花梗短于叶，花梗与花萼近等长；萼钟状，萼齿最下面1个长约为萼筒长之半，稀近等长；花紫红色，长1.5～1.9毫米，旗瓣长13～15（～18）毫米，宽10～11毫米，瓣片近圆形，先端裂缺，瓣柄略长于瓣片之半，翼瓣长11～13（～14）毫米，具耳及线形瓣柄，龙骨瓣长10～12毫米，具耳及线形瓣柄；子房线形，无毛。荚果线形，长4.3～5厘米，宽约5毫米。种子椭圆形，长3.2毫米，宽3毫米，种脐约长1.5毫米；红褐色，平滑。花期5—7月，果期8—9月。

分布：中国东北、华北及西北地区；朝鲜、蒙古国及俄罗斯远东地区也有分布。

生境：草甸、灌丛及林缘。

水分生态类型：中生。

饲用等级：良等。

其他用途：无。

花　　　　　　　　　植株

叶

山黧豆

学名：*Lathyrus quinquenervius*（Miq.）Litv. ex kom.et Alis.

英文名：Fivevein Vetchling

别名：五脉山黧豆、五脉香豌豆

形态特征：多年生草本，根状茎不增粗，横走。茎通常直立，单一，高20～50厘米，具棱及翅，有毛，后渐脱落。偶数羽状复叶，叶轴末端具不分枝的卷须，下部叶的卷须短，成针刺状；托叶披针形到线形，长7～23毫米，宽0.2～2毫米；叶具小叶1～2（～3）对；小叶质坚硬，椭圆状披针形或线状披针形，长35～80毫米，宽5～8毫米，先端渐尖，具细尖，基部楔形，两面被短柔毛，上面稀疏，老时毛渐脱落，具5条平行脉，两面明显凸出。总状花序腋生，具5～8朵花。花梗长3～5毫米；萼钟状，被短柔毛，最下一萼齿约与萼筒等长；花紫蓝色或紫色，长（12）15～20毫米；旗瓣近圆形，先端微缺，瓣柄与瓣片约等长，翼瓣狭倒卵形，与旗瓣等长或稍短，具耳及线形瓣柄，龙骨瓣卵形，具耳及线形瓣柄；子房密被柔毛。荚果线形，长3～5厘米，宽4～5毫米。花期5—7月，果期8—9月。

分布：中国东北、华北、陕西、甘肃南部、青海东部；朝鲜、日本及俄罗斯远东地区也有分布。

生境：山坡、林缘、路旁、草甸等处。

水分生态类型：中生。

饲用等级：良等。

其他用途：无。

花序

植株

二十二、胡枝子属*Lespedeza* Mich.

胡枝子

学名：*Lespedeza bicolor* Turcz.

英文名：Bushclover

别名：二色胡枝子、扫条

形态特征：直立灌木，高1～3米，多分枝，小枝黄色或暗褐色，有条棱，被疏短毛；芽卵形，长2～3毫米，具数枚黄褐色鳞片。羽状复叶具3小叶；托叶2枚，线状披针形，长3～4.5毫米；叶柄长2～7（～9）厘米；小叶质薄，卵形、倒卵形或卵状长圆形，长1.5～6厘米，宽1～3.5厘米，先端钝圆或微凹，稀稍尖，具短刺尖，基部近圆形或宽楔形，全缘，上面绿色，无毛，下面色淡，被疏柔毛，老时渐无毛。总状花序腋生，比叶长，常构成大型、较疏松的圆锥花序；总花梗长4～10厘米；小苞片2，卵形，长不到1厘米，先端钝圆或稍尖，黄褐色，被短柔毛；花梗短，长约2毫米，密被毛；花萼长约5毫米，5浅裂，裂片通常短于萼筒，上方2裂片合生成2齿，裂片卵形或三角状卵形，先端尖，外面被白毛；花冠红紫色，极稀白色，长约10毫米，旗瓣倒卵形，先端微凹，翼瓣较短，近长圆形，基部具耳和瓣柄，龙骨瓣与旗瓣近等长，先端钝，基部具较长的瓣柄；子房被毛。荚果斜倒卵形，稍扁，长约10毫米，宽约5毫米，表面具网纹，密被短柔毛。花期7—9

月，果期9—10月。

　　分布：中国黑龙江、吉林、辽宁、河北、内蒙古、山西、陕西、甘肃、山东、江苏、安徽、浙江、福建、台湾、河南、湖南、广东、广西等省区；朝鲜、日本、俄罗斯西伯利亚地区也有分布。

　　生境：山坡、林缘、路旁、灌丛及杂木林间。

　　水分生态类型：中生。

　　饲用等级：良等。

　　其他用途：防风固沙、水土保持、编织材料、食用。

果枝

花序

植株

长叶胡枝子

学名：*Lespedeza caraganae* Bunge

英文名：Longleaf Bushclover

别名：长叶铁扫帚

形态特征：灌木，高约50厘米。茎直立，多棱，沿棱被短伏毛；分枝斜升。托叶钻形，长2.5毫米；叶柄短，被短伏毛，长3～5毫米；羽状复叶具3小叶；小叶长圆状线形，长2～4厘米，宽2～4毫米，先端钝或微凹，具小刺尖，基部狭楔形，边缘稍内卷，上面近无毛，下面被伏毛。总状花序腋生；总花梗长0.5～1厘米，密生白色伏毛，具3～4（～5）朵花；花梗长2毫米，密生白色伏毛，基部具3～4枚苞片；小苞片狭卵形，长约2.5毫米，先端锐尖，密被伏毛；花萼狭钟形，长5毫米，外密被伏毛，5深裂，裂片披针形，先端长渐尖，具1～3脉；花冠显著超出花萼，白色或黄色，旗瓣宽椭圆形，长约8毫米，宽约5毫米，白色或黄色，翼瓣长圆形，长约7毫米，宽约1毫米，龙骨瓣长约8.5毫米，瓣柄长，先端钝头。有瓣花的荚果长圆状卵形，长4.5～5毫米，宽约2毫米，疏被白色伏毛，先端具喙，长约1.5毫米，疏被白色伏毛；闭锁花的荚果倒卵状圆形，长约3毫米，宽约2.5毫米，先端具短喙。花期6—9月，果期10月。

分布：中国辽宁、河北、陕西、甘肃、山东、河南等省区。

生境：山坡。

水分生态类型：中生。

饲用等级：中等。

其他用途：无。

植株

截叶铁扫帚

学名：*Lespedeza cuneata* G. Don

英文名：Cutleaf Bushclover

别名：绢毛胡枝子、老牛筋

形态特征：小灌木，高达1米。茎直立或斜升，被毛，上部分枝；分枝斜上举。叶密集，柄短；小叶楔形或线状楔形，长1～3厘米，宽2～5（～7）毫米，先端截形成近截形，具小刺尖，基部楔形，上面近无毛，下面密被伏毛。总状花序腋生，具2～4朵花；总花梗极短；小苞片卵形或狭卵形，长1～1.5毫米，先端渐尖，背面被白色伏毛，边具缘毛；花萼狭钟形，密被伏毛，5深裂，裂片披针形；花冠淡黄色或白色，旗瓣基部有紫斑，有时龙骨瓣先端带紫色，翼瓣与旗瓣近等长，龙骨瓣稍长；闭锁花簇生于叶腋。荚果宽卵形或近球形，被伏毛，长2.5～3.5毫米，宽约2.5毫米。花期7—8月，果期9—10月。

分布：中国陕西、甘肃、山东、台湾、河南、湖北、湖南、广东、四川、云南、西藏等省区；朝鲜、日本、印度、巴基斯坦、阿富汗及澳大利亚也有分布。

生境：山坡、山梁、路边沟谷或田边。

水分生态类型：中生。

饲用等级：良等。

其他用途：水土保持、绿肥、药用。

模式图（引自《中国饲用植物》）

兴安胡枝子

学名：*Lespedeza daurica*（Laxm.）Schindl.

英文名：Xing'an Bushclover

别名：达乌里胡枝子

形态特征：小灌木，高达1米。茎通常稍斜升，单一或数个簇生；老枝黄褐色或赤褐色，被短柔毛或无毛，幼枝绿褐色，有细棱，被白色短柔毛。羽状复叶具3小叶；托叶线形，长2～4毫米；叶柄长1～2厘米；小叶长圆形或狭长圆形，长2～5厘米，宽5～16毫米，先端圆形或微凹，有小刺尖，基部圆形，上面无毛，下面被贴伏的短柔毛；顶生小叶较大。总状花序腋生。较叶短或与叶等长；总花梗密生短柔毛；小苞片披针状线形，有毛；花萼5深裂，外面被白毛，萼裂片披针形，先端长渐尖，成刺芒状，与花冠近等长；花冠白色或黄白色，旗瓣长圆形，长约1厘米，中央稍带紫色，具瓣柄，翼瓣长圆形，先端钝，较短，龙骨瓣比翼瓣长，先端圆形；闭锁花生于叶腋，结实。荚果小，倒卵形或长倒卵形，长3～4毫米，宽2～3毫米，先端有刺尖，基部稍狭，两面凸起，有毛，包于宿存花萼内。花期7—8月，果期9—10月。

分布：中国东北、华北经秦岭淮河以北至西南各省；朝鲜、日本、俄罗斯西伯利亚也有分布。

生境：干山坡、草地、路旁及沙质地上。

水分生态类型：中旱生。

饲用等级：良等。

其他用途：绿肥。

花序

果枝

植株

多花胡枝子

学名：*Lespedeza floribunda* Bunge

英文名：Flowery Bushclover

别名：无

形态特征：小灌木，高30～60（～100）厘米。根细长；茎常近基部分枝；枝有条棱，被灰白色绒毛。托叶线形，长4～5毫米，先端刺芒状；羽状复叶具3小叶；小叶具柄，倒卵形、宽倒卵形或长圆形，长1～1.5厘米，宽6～9毫米，先端微凹、钝圆或近截形，具小刺尖，基部楔形，上面被疏伏毛，下面密被白色伏柔毛；侧生小叶较小。总状花序腋生；总花梗细长，显著超出叶；花多数；小苞片卵形，长约1毫米，先端急尖；花萼长4～5毫米，被柔毛，5裂，上方2裂片，下部合生，上部分离，裂片披针形或卵状披针形，长2～3毫米，先端渐尖；花冠紫色、紫红色或蓝紫色，旗瓣椭圆形，长8毫米，先端圆形，基部有柄，翼瓣稍短，龙骨瓣长于旗瓣，钝头。荚果宽卵形，长约7毫米，超出宿存萼，密被柔毛，有网状脉。花期6—9月，果期9—10月。

分布：中国辽宁、河北、山西、陕西、宁夏、甘肃、青海、山东、江苏、安徽、江西、福建、河南、湖北、广东、四川等省区。

生境：石质山坡、林缘、灌丛间。

水分生态类型：旱中生。

饲用等级：良等。

其他用途：护坡。

花序

植株

美丽胡枝子

学名：*Lespedeza formosa*（Vog.）Koehne

英文名：Spiffy Bushclover

别名：无

形态特征：直立灌木，高1～2米。多分枝，枝伸展，被疏柔毛。托叶披针形至线状披针形，长4～9毫米，褐色，被疏柔毛；叶柄长1～5厘米，被短柔毛；小叶椭圆形、长圆状椭圆形或卵形、稀倒卵形，两端稍尖或稍钝，长2.5～6厘米，宽1～3厘米，上面绿色，稍被短柔毛，下面淡绿色，贴生短柔毛。总状花序单一，腋生，比叶长，或构成顶生的圆锥花序；总花梗长可达10厘米，被短柔毛；苞片卵状渐尖，长1.5～2毫米，密被绒毛；花梗短，被毛；花萼钟状，长5～7毫米，5深裂，裂片长圆状披针形，长为萼筒的2～4倍，外面密被短柔毛；花冠红紫色，长10～15毫米，旗瓣近圆形或稍长，先端圆，基部具明显的耳和瓣柄，翼瓣倒卵状长圆形，短于旗瓣和龙骨瓣，长7～8毫米，基部有耳和细长瓣柄，龙骨瓣比旗瓣稍长，在花盛开时明显长于旗瓣，基部有耳和细长瓣柄。荚果倒卵形或倒卵状长圆形，长8毫米，宽4毫米，表面具网纹且被疏柔毛。花期7—9月，果期9—10月。

分布：中国河北、陕西、甘肃、山东、江苏、安徽、浙江、江西、福建、河南、湖北、湖南、广东、广西、四川、云南等省区；朝鲜、日本、印度也有分布。

生境：山坡、路旁及林缘灌丛中。

水分生态类型：中生。

饲用等级：良等。

其他用途：水土保持、药用、绿化。

模式图（引自《中国饲用植物》）

阴山胡枝子

学名：*Lespedeza inschanica*（Maxim.）Schindl.

英文名：Yinshan Bushclover

别名：白指甲花

形态特征：灌木，高达80厘米。茎直立或斜升，下部近无毛，上部被短柔毛。托叶丝状钻形，长约2毫米，背部具1~3条明显的脉，被柔毛；叶柄长（3~）5~10毫米；羽状复叶具3小叶；小叶长圆形或倒卵状长圆形，长1~2（~2.5）厘米，宽0.5~1（~1.5）厘米，先端钝圆或微凹，基部宽楔形或圆形，上面近无毛，下面密被伏毛，顶生小叶较大。总状花序腋生，与叶近等长，具2~6朵花；小苞片长卵形或卵形，背面密被伏毛，边有缘毛；花萼长5~6毫米，5深裂，前方2裂片分裂较浅，裂片披针形，先端长渐尖，具明显3脉及缘毛，萼筒外被伏毛，向上渐稀疏；花冠白色，旗瓣近圆形，长7毫米，宽5.5毫米，先端微凹，基部带大紫斑，花期反卷，翼瓣长圆形，长5~6毫米，宽1~1.5毫米，龙骨瓣长6.5毫米，通常先端带紫色。荚果倒卵形，长4毫米，宽2毫米，密被伏毛，短于宿存萼。

分布：中国辽宁、内蒙古、河北、山西、陕西、甘肃、河南、山东、江苏、安徽、湖北、湖南、四川、云南等省区；朝鲜、日本也有分布。

生境：干山坡。

水分生态类型：中旱生。

饲用等级：中等。

其他用途：水土保持、荒山绿化。

叶

枝条

植株

尖叶胡枝子

学名：*Lespedeza juncea*（L.f.）Pers.

英文名：Sharpleaf Bushclover

别名：尖叶铁扫帚、细叶胡枝子

形态特征：小灌木，高可达1米。全株被伏毛，分枝或上部分枝呈扫帚状。托叶线形，长约2毫米；叶柄长0.5～1厘米；羽状复叶具3小叶；小叶倒披针形、线状长圆形或狭长圆形，长1.5～3.5厘米，宽（2～）3～7毫米，先端稍尖或钝圆，有小刺尖，基部渐狭，边缘稍反卷，上面近无毛，下面密被伏毛。总状花序腋生，稍超出叶，有3～7朵排列较密集的花，近似伞形花序；总花梗长；苞片及小苞片卵状披针形或狭披针形，长约1毫米；花萼狭钟状，长3～4毫米，5深裂，裂片披针形，先端锐尖，外面被白色状毛，花开后具明显3脉；花冠白色或淡黄色，旗瓣基部带紫斑，花期不反卷或稀反卷，龙骨瓣先端带紫色，旗瓣、翼瓣与龙骨瓣近等长，有时旗瓣较短；闭锁花簇生于叶腋，近无梗。荚果宽卵形，两面被白色伏毛，稍超出宿存萼。花期7—9月，果期9—10月。

分布：中国黑龙江、吉林、辽宁、内蒙古、河北、山西、甘肃及山东等省区；朝鲜、日本、蒙古国、俄罗斯西伯利亚也有分布。

生境：山坡灌丛间。

水分生态类型：中旱生。

饲用等级：良等。

其他用途：水土保持。

花序 植株

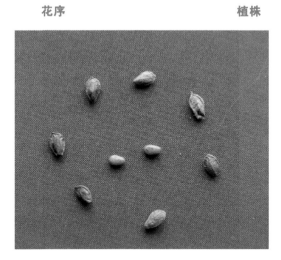

荚果和种子

牛枝子

学名：*Lespedeza potaninii* Vass.

英文名：Potanin Bushclover

别名：牛筋子

形态特征：半灌木，高20～60厘米。茎斜升或平卧，基部多分枝，有细棱，被粗硬毛。托叶刺毛状，长2～4毫米；羽状复叶具3小叶，小叶狭长圆形，细椭圆形至宽椭圆形，长8～15（～22）毫米，宽3～5（～7）厘米，先端钝圆或微凹，具小刺尖，基部稍偏斜，上面苍白绿色，无毛，下面被灰白色粗硬毛。总状花序腋生；总花梗长，明显超出叶；花疏生；小苞片锥形，长1～2毫米；花萼密被长柔毛，5深裂，裂片披针形，长5～8毫米，先端长渐尖，呈刺芒状；花冠黄白色，稍超出萼裂片，旗瓣中央及龙骨瓣先端带紫色，翼瓣较短；闭锁花腋生，无梗或近无梗。荚果倒卵形，长3～4毫米，双凸镜状，密被粗硬毛，包于宿存萼内。花期7—9月，果期9—10月。

分布：中国辽宁（西部）、内蒙古、河北、山西、陕西、宁夏、甘肃、青海、山东、江苏、河南、四川、云南、西藏等省区。

生境：荒漠草原、草原带的沙质地、砾石地、丘陵地、石质山坡及山麓。

水分生态类型：旱生。

饲用等级：优等。

其他用途：水土保持、固沙、蜜源、绿肥。

荚果

茎枝

植株

二十三、百脉根属*Lotus* L.

百脉根

学名：*Lotus corniculatus* L

英文名：Veinyroot

别名：牛角花、五叶草、鸟趾草

形态特征：多年生草本，高15～50厘米，全株散生稀疏白色柔毛或秃净。具主根。茎丛生，平卧或上升，实心，近四棱形。羽状复叶小叶5枚；叶轴长4～8毫米，疏被柔毛，顶端3小叶，基部2小叶呈托叶状，纸质，斜卵形至倒披针状卵形，长5～15毫米，宽4～8毫米，中脉不清晰；小叶柄甚短，长约1毫米，密被黄色长柔毛。伞形花序；总花梗长3～10厘米；花3～7朵集生于总花梗顶端，长（7）9～15毫米；花梗短，基部有苞片3枚；苞片叶状，与萼等长，宿存；萼钟形，长5～7毫米，宽2～3毫米，无毛或稀被柔毛，萼齿近等长，狭三角形，渐尖，与萼筒等长；花冠黄色或金黄色，干后常变蓝色，旗瓣扁圆形，瓣片和瓣柄几等长，长10～15毫米，宽6～8毫米，翼瓣和龙骨瓣等长，均略短于旗瓣，龙骨瓣呈直角三角形弯曲，喙部狭尖；雄蕊两体，花丝分离部略短于雄蕊筒；花柱直，等长于子房成直角上指，柱头点状，子房线形，无毛，胚珠35～40粒。荚果直，线状圆柱形，长20～25毫米，径2～4毫米，褐色，二瓣裂，扭曲；有多数种子，种子细小，卵圆形，长约1毫米，灰褐色。花期5—9月，果期7—10月。

　　分布：中国西北、西南和长江中上游各省区；亚洲、欧洲、北美洲和大洋洲均有分布。

　　生境：湿润而呈弱碱性的山坡、草地、田野或河滩地。

　　水分生态类型：中生。

　　饲用等级：优等。

　　其他用途：观赏、蜜源。

植株

花序

叶

二十四、苜蓿属*Medicago* L.

黄花苜蓿

学名：*Medicago falcata* L.

英文名：Sickle Alfalfa

别名：野苜蓿

形态特征：多年生草本，高（20）40～100（～120）厘米。主根粗壮，木质，须根发达。茎平卧或上升，圆柱形，多分枝。羽状三出复叶；托叶披针形至线状披针形，先端长渐尖，基部戟形，全缘或稍具锯齿，脉纹明显；叶柄细，比小叶短；小叶倒卵形至线状倒披针形，长（5）8～15（～20）毫米，宽（1）2～5（～10）毫米，先端近圆形，具刺尖，基部楔形，边缘上部1/4具锐锯齿，上面无毛，下面被贴伏毛，侧脉12～15对，与中脉成锐角平行达叶边，不分叉；顶生小叶稍大。花序短总状，长1～2（～4）厘米，具花6～20（～25）朵，稠密，花期几不伸长；总花梗腋生，挺直，与叶等长或稍长；苞片针刺状，长约1毫米；花长6～9（～11）毫米；花梗长2～3毫米，被毛；萼钟形，被贴伏毛，萼齿线状锥形，比萼筒长；花冠黄色，旗瓣长倒卵形，翼瓣和龙骨瓣等长，均比旗瓣短；子房线形，被柔毛，花柱短，略弯，胚珠2～5粒。荚果镰形，长（8）10～15毫米，宽2.5～3.5（～4）毫米，脉纹细，斜向，被贴伏毛；有种子2～4粒。种子卵状椭圆形，长2

毫米，宽1.5毫米，黄褐色，胚根处凸起。花期6—8月，果期7—9月。

分布：中国东北、华北、西北各地；欧洲盛产，俄罗斯、哈萨克斯坦、乌兹别克斯坦、土库曼斯坦、吉尔吉斯斯坦、塔吉克斯坦、蒙古国、伊朗等亚洲地区分布也很广泛，世界各国都有引种栽培。

生境：沙质偏旱耕地、山坡，草原及河岸杂草丛中。

水分生态类型：旱中生。

饲用等级：优等。

其他用途：绿肥、蜜源。

花序

荚果

植株

天蓝苜蓿

学名：*Medicago lupulina* L.

英文名：Black Medic

别名：天蓝、黑荚苜蓿

形态特征：一年生、二年生或多年生草本，高15～60厘米，全株被柔毛或有腺毛。主根浅，须根发达。茎平卧或上升，多分枝，叶茂盛。羽状三出复叶；托叶卵状披针形，长可达1厘米，先端渐尖，基部圆或戟状，常齿裂；下部叶柄较长，长1～2厘米，上部叶柄比小叶短；小叶倒卵形、阔倒卵形或倒心形，长5～20毫米，宽4～16毫米，纸质，先端多少截平或微凹，具细尖，基部楔形，边缘在上半部具不明显尖齿，两面均被毛，侧脉近10对，平行达叶边，几不分叉，上下均平坦；顶生小叶较大，小叶柄长2～6毫米，侧生小叶柄甚短。花序小头状，具花10～20朵；总花梗细，挺直，比叶长，密被贴伏柔毛；苞片刺毛状，甚小；花长2～2.2毫米；花梗短，长不到1毫米；萼钟形，长约2毫米，密被毛，萼齿线状披针形，稍不等长，比萼筒略长或等长；花冠黄色，旗瓣近圆形，顶端微凹，翼瓣和龙骨瓣近等长，均比旗瓣短。子房阔卵形，被毛，花柱弯曲，胚珠1粒。荚果肾形，长3毫米，宽2毫米，表面具同心弧形脉纹，被稀疏毛，熟时变黑；有种子1粒。种子卵形，褐色，平滑。花期7—9月，果期8—10月。

分布：中国南北各地、青藏高原；欧亚大陆广布，世界各地都有归化种。

生境：河岸、路边、田野及林缘。

水分生态类型：中生。

饲用等级：优等。

其他用途：绿化、绿肥。

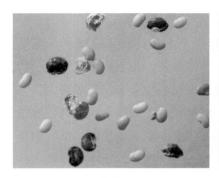

花序

荚果和种子

植株

南苜蓿

学名：*Medicago polymorpha* Linn.

英文名：Manyform Medic

别名：金花菜、黄花草子

形态特征：一年生、二年生草本，高20～90厘米。茎平卧、上升或直立，近四棱形，基部分枝，无毛或微被毛。羽状三出复叶；托叶大，卵状长圆形，长4～7毫米，先端渐尖，基部耳状，边缘具不整齐条裂，成丝状细条或深齿状缺刻，脉纹明显；叶柄柔软，细长，长1～5厘米，上面具浅沟；小叶倒卵形或三角状倒卵形，几等大，长7～20毫米，宽5～15毫米，纸质，先端钝，近截平或凹缺，具细尖，基部阔楔形，边缘在1/3以上具浅锯齿，上面无毛，下面被疏柔毛，无斑纹。花序头状伞形，具花（1）2～10朵；总花梗腋生，纤细无毛，长3～15毫米，通常比叶短，花序轴先端不呈芒状尖；苞片甚小，尾尖；花长3～4毫米；花梗不到1毫米；萼钟形，长约2毫米，萼齿披针形，与萼筒近等长，无毛或稀被毛；花冠黄色，旗瓣倒卵形，先端凹缺，基部阔楔形，比翼瓣和龙骨瓣长，翼瓣长圆形，基部具耳和稍阔的瓣柄，齿突甚发达，龙骨瓣比翼瓣稍短，基部具小耳，成钩状；子房长圆形，镰状上弯，微被毛。荚果盘形，暗绿褐色，顺时针方向紧旋1.5～2.5（～6）圈，直径（不包括刺长）4～6（～10）毫米，螺面平坦无毛，有多条辐射状脉纹，近边缘处环结，每圈具棘刺或瘤突15枚；种子每圈1～2粒。种子长肾形，长约2.5毫米，宽1.25毫米，棕褐色，平滑。花期3—5月，果期5—6月。

　　分布：中国长江流域以南各省区、陕西、甘肃、贵州、云南；欧洲南部、西南亚，以及整个旧大陆均有分布。

　　生境：草地及路旁。

　　水分生态类型：中生。

　　饲用等级：优等。

　　其他用途：绿肥、水土保持。

花枝

种子

植株

花苜蓿

学名： *Medicago ruthenica*（L.）Trautv.

英文名： Ruthenia Medic

别名： 扁蓿豆

形态特征： 多年生草本，高20～70（～100）厘米。主根深入土中，根系发达。茎直立或上升，四棱形，基部分枝，丛生，羽状三出复叶；托叶披针形，锥尖，先端稍上弯，基部阔圆，耳状，具1～3枚浅齿，脉纹清晰；叶柄比小叶短，长2～7（～12）毫米，被柔毛；小叶形状变化很大，长圆状倒披针形、楔形、线形以至卵状长圆形，长（6）10～15（～25）毫米，宽（1.5）3～7（～12）毫米，先端截平，钝圆或微凹，中央具细尖，基部楔形、阔楔形至钝圆，边缘在基部1/4处以上具尖齿，或仅在上部具不整齐尖锯齿，上面近无毛，下面被贴伏柔毛，侧脉8～18对，分叉并伸出叶边成尖齿，两面均隆起；顶生小叶稍大，小叶柄长2～6毫米，侧生小叶柄甚短，被毛。花序伞形，有时长达2厘米，具花（4）6～9（～15）朵；总花梗腋生，通常比叶长，挺直，有时也纤细并比叶短；苞片刺毛状，长1～2毫米；花长（5）6～9毫米；花梗长1.5～4毫米，被柔毛；萼钟形，长2～4毫米，宽1.5～2毫米，被柔毛，萼齿披针状锥尖，与萼筒等长或短；花冠黄褐色，中央深红色至紫色条纹，旗瓣倒卵状长圆形、倒心形至匙形，先端凹头，翼瓣稍短，长圆形，龙骨瓣明显短，卵形，均具长瓣柄；子房线形，无毛，花柱短，胚珠4～8粒。荚果长圆形或卵状长圆形，扁平，长8～15（～20）毫米，宽3.5～5（～7）毫米，先端钝急尖，具短喙，基部狭尖并稍弯曲，具短颈，脉纹横向倾斜，分叉，腹缝有时具流苏状的狭翅，熟后变黑；有种子2～6粒。种子椭圆状卵形，长2毫米，宽1.5毫米，棕色，平滑，种脐偏于一端；胚根发达。花期6—9月，果期8—10月。

分布：中国东北、华北、甘肃、山东、四川；蒙古国、俄罗斯（西伯利亚、远东地区）也有分布。

生境：草原、砂地、河岸及砂砾质土壤的山坡旷野。

水分生态类型：中旱生。

饲用等级：优等。

其他用途：绿肥、水土保持。

花序

种子

植株

二十五、草木樨属 *Melilotus* Meller

白花草木樨

学名：*Melilotus albus* Medic.ex Desr.

英文名：White Sweetclover

别名：白香草木樨

形态特征：一年生、二年生草本，高70~200厘米。茎直立，圆柱形，中空，多分枝，几无毛。羽状三出复叶；托叶尖刺状锥形，长6~10毫米，全缘；叶柄比小叶短，纤细；小叶长圆形或倒披针状长圆形，长15~30厘米，宽（4）6~12毫米，先端钝圆，基部楔形，边缘疏生浅锯齿，上面无毛，下面被细柔毛，侧脉12~15对，平行直达叶缘齿尖，两面均不隆起，顶生小叶稍大，具较长小叶柄，侧小叶柄短。总状花序长9~20厘米，腋生，具花40~100朵，排列疏松；苞片线形，长1.5~2毫米；花长4~5毫米；花梗短，长为1~1.5毫米；萼钟形，长约2.5毫米，微被柔毛，萼齿三角状披针形，短于萼筒；花冠白色，旗瓣椭圆形，稍长于翼瓣，龙骨瓣与翼瓣等长或稍短；子房卵状披针形，上部渐窄至花柱，无毛，胚珠3~4粒。荚果椭圆形至长圆形，长3~3.5毫米，先端锐尖，具尖喙表面脉纹细，网状，棕褐色，老熟后变黑褐色；有种子1~2粒。种子卵形，棕色，表面具细瘤点。花期5—7月，果期7—9月。

分布：中国东北、华北、西北及西南各地；欧洲地中海沿岸、中东、西南亚、中亚及俄罗斯西伯利亚均有分布。

生境：田边、路旁荒地及湿润的砂地。

水分生态类型：中生。

饲用等级：优等。

其他用途：绿肥、水土保持。

果序

花序

植株

草木樨

学名：*Melilotus officinalis*（L.）Desr.

英文名：Yellow Sweetclover

别名：黄香草木樨、黄花草木樨

形态特征：二年生草本，高40～100（～250）厘米。茎直立，粗壮，多分枝，具纵棱，微被柔毛。羽状三出复叶；托叶镰状线形，长3～5（～7）毫米，中央有1条脉纹，全缘或基部有1尖齿；叶柄细长；小叶倒卵形、阔卵形、倒披针形至线形，长15～25（～30）毫米，宽5～15毫米，先端钝圆或截形，基部阔楔形，边缘具不整齐疏浅齿，上面无毛，粗糙，下面散生短柔毛，侧脉8～12对，平行直达齿尖，两面均不隆起，顶生小叶稍大，具较长的小叶柄，侧小叶的小叶柄短。总状花序长6～15（～20）厘米，腋生，具花30～70朵，初时稠密，花开后渐疏松，花序轴在花期中显著伸展；苞片刺毛状，长约1毫米；花长3.5～7毫米；花梗与苞片等长或稍长；萼钟形，长约2毫米，脉纹5条，甚清晰，萼齿三角状披针形，稍不等长，比萼筒短；花冠黄色，旗瓣倒卵形，与翼瓣近等长，龙骨瓣稍短或三者均近等长；雄蕊筒在花后常宿存包于果外；子房卵状披针形，胚珠（4）6～8粒，花柱长于子房。荚果卵形，长3～5毫米，宽约2毫米，先端具宿存花柱，表面具凹凸不平的横向细网纹，棕黑色；有种子1～2粒。种子卵形，长2.5毫米，黄褐色，平滑。花期5—9月，果期6—10月。

分布：中国东北、华南、西南各地，其余各省常见栽培；欧洲地中海东岸、中东、中亚、东亚均有分布。

生境：山坡、河岸、路旁、砂质草地及林缘。

水分生态类型：中生

饲用等级：优等。

其他用途：绿肥、水土保持。

生境

花序　　　　　　　　　植株

二十六、驴食草属*Onobrychis* Mill.

顿河红豆草

学名：*Onobrychis taneitica* Spreng.

英文名：Don river Sainfoin

别名：旱红豆草、沙生驴食豆

形态特征：多年生草本，高40~60厘米。茎多数，直立，中空，具细棱角，被向上贴伏短柔毛，有1~2个短小分枝。叶长10~15（~22）厘米，叶轴被短柔毛；托叶三角状卵形，长6~8毫米，合生至上部，外被柔毛；小叶9~13，无柄，小叶片狭长椭圆形或长圆状线形，长12~25毫米，宽3~6毫米，先端急尖，具短尖，基部楔形，上面无毛，下面具贴伏短柔毛。总状花序腋生，长20~30厘米，明显超出叶，花序轴与总花梗被向上贴伏柔毛；花多数，斜上升，长9~11毫米，紧密排列呈穗状，具长约1毫米的短花梗；苞片披针形，长为花梗的2倍，背面几无毛，边缘具长睫毛；萼钟状，长6~7毫米，被长柔毛，萼齿钻状披针形，长为萼筒的2~2.5倍，边缘具密的长睫毛，下萼齿较短；花冠玫瑰紫色，旗瓣倒卵形，长8~10毫米，翼瓣短小，长为旗瓣的1/4，龙骨与旗瓣近等长；子房被柔毛。荚果半圆形，长5~6毫米，被短柔毛和厚的脉纹，脉纹上具疏的乳突状短刺。花期6—7月，果期7—8月。

　　分布：中国新疆天山和沙乌尔山；中亚、俄罗斯西伯利亚和欧洲东南部有分布。

　　生境：山地草甸、林间空地和林缘等。

　　水分生态类型：旱中生。

　　饲用等级：优等。

　　其他用途：绿肥、蜜源。

植株

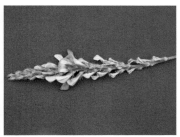

花序

荚果和种子

二十七、棘豆属*Oxytropis* DC.

猫头刺

学名：*Oxytropis aciphylla* Ledeb.

英文名：Cathead Crazyweed

别名：刺叶柄棘豆、鬼见愁、老虎爪子

形态特征：垫状矮小半灌木，高8～20厘米。根粗壮，根系发达。茎多分枝，开展，全体呈球状植丛。偶数羽状复叶；托叶膜质，彼此合生，下部与叶柄贴生，先端平截或呈二尖，后撕裂，被贴伏白色柔毛或无毛，边缘有白色长毛；叶轴宿存，木质化，长2～6厘米，下部粗壮，先端尖锐，呈硬刺状，老时淡黄色或黄褐色，嫩时灰绿色，密被贴伏绢状柔毛；小叶4～6对生，线形或长圆状线形，长5～18毫米，宽1～2毫米，先端渐尖，具刺尖，基部楔形，边缘常内卷，两面密被贴伏白色绢状柔毛和不等臂的丁字毛。1～2花组成腋生总状花序；总花梗长3～10毫米，密被贴伏白色柔毛；苞片膜质，披针状钻形，小；花萼筒状，长8～15毫米，宽3～5毫米，花后稍膨胀，密被贴伏长柔毛，萼齿锥状，长约3毫米；花冠红紫色、蓝紫色、以至白色，旗瓣倒卵形，长13～24毫米，宽7～10毫米，先端钝，基部渐狭成瓣柄，翼瓣长12～20毫米，宽3～4毫米，龙骨瓣长11～13毫米，喙长1～1.5毫米；子房圆柱形，花柱先端弯曲，无毛。荚果硬革质，长圆形，

长10～20毫米，宽4～5毫米，腹缝线深陷，密被白色贴伏柔毛，隔膜发达，不完全2室。种子圆肾形，深棕色。花期5—6月，果期6—7月。

分布：中国内蒙古、陕西、宁夏、甘肃、青海、新疆等省区；俄罗斯西伯利亚和蒙古国南部也有分布。

生境：山坡、山麓、丘陵、平原的覆沙地。

水分生态类型：旱生。

饲用等级：劣等。

其他用途：固沙、薪碳材料、药用。

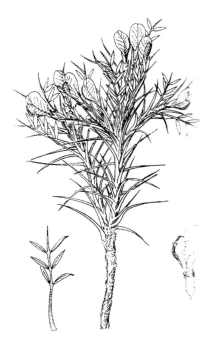

模式图（引自《中国饲用植物》）

地角儿苗

学名：*Oxytropis bicolor* Bunge

英文名：Twocolor Crazyweed

别名：二色棘豆、人头草、猫爪花

形态特征：多年生草本，高5~20厘米，外倾，植株各部密被开展白色绢状长柔毛，淡灰色。主根发达，直伸，暗褐色。茎缩短，簇生。轮生羽状复叶长4~20厘米；托叶膜质，卵状披针形，与叶柄贴生很高，彼此于基部合生，先端分离而渐尖，密被白色绢状长柔毛；叶轴有时微具腺体；小叶7~17轮（对），对生或4片轮生，线形、线状披针形、披针形，长3~23毫米，宽1.5~6.5毫米，先端急尖，基部圆形，边缘常反卷，两面密被绢状长柔毛，上面毛较疏。10~15（~23）花组成或疏或密的总状花序；花葶与叶等长或稍长，直立或平卧，被开展长硬毛；苞片披针形，长4~10毫米，宽1~2毫米，先端尖，疏被白色柔毛；花长约20毫米；花萼筒状，长9~12毫米，宽2.5~4毫米，密被长柔毛，萼齿线状披针形，长3~5毫米；花冠紫红色、蓝紫色，旗瓣菱状卵形，长14~20毫米，宽7~9毫米，先端圆，或略微凹，中部黄色，干后有黄绿色斑，翼瓣长圆形，长15~18毫米，先端斜宽，微凹，龙骨瓣长11~15毫米，喙长2~2.5毫米；子房被白色长柔毛或无毛，花柱下部有毛，上部无毛；胚珠26~28。荚果几革质，稍坚硬，卵状长圆形，膨胀，腹背稍扁，长17~22毫米，宽约5毫米，先端具长喙，腹、背缝均有沟槽，密被长柔毛，隔膜宽约1.5毫米，不完全2室。种子宽肾形，长约2毫米，暗褐色。

花果期4—9月。

分布：中国内蒙古、河北、山西、陕西、宁夏、甘肃、青海及河南等省区；蒙古国东部也有分布。

生境：山坡、砂地、路旁及荒地上。

水分生态类型：中旱生。

饲用等级：良等。

其他用途：无。

模式图（引自《内蒙古植物志》）

蓝花棘豆

学名：*Oxytropis caerulea*（Pall.）DC.

英文名：Blue Crazyweed

别名：无

形态特征：多年生草本，高10～20厘米。主根粗壮而直伸。茎缩短，基部分枝呈丛生状。羽状复叶长5～15厘米；托叶披针形，被绢状毛，于中部与叶柄贴生，彼此分离；叶柄与叶轴疏被贴伏柔毛；小叶25～41，长圆状披针形，长7～15毫米，宽（1.5）2～4毫米，先端渐尖或急尖，基部圆形，上面无毛或几无毛，下面疏被贴伏柔毛。12～20花组成稀疏总状花序；花葶比叶长1倍，稀近等长，无毛或疏被贴伏白色短柔毛；苞片较花梗长，长2～5毫米；花长8毫米；花萼钟状，长4～5毫米，疏被黑色和白色短柔毛，萼齿三角状披针形，比萼筒短1倍；花冠天蓝色或蓝紫色，旗瓣长8（12）～15毫米，瓣片长椭圆状圆形，先端微凹、圆形、钝或具小尖，瓣柄约3毫米，翼瓣长7毫米，瓣柄线形，龙骨瓣长约7毫米，喙长2～3毫米；子房几无柄，无毛，含10～12胚珠。荚果长圆状卵形膨胀，长（8）10～25毫米，宽（3）5～6毫米，喙长7～9毫米，疏被白色和黑色短柔毛，稀无毛，1室；果梗极短。花期6—7月，果期7—8月。

分布：中国黑龙江、内蒙古呼伦贝尔盟、锡林郭勒盟和大青山、河北、山西等省区；俄罗斯（贝加尔湖一带）和蒙古国也有分布。

生境：山坡或山地林下。

水分生态类型：中生。

饲用等级：良等。

其他用途：无。

叶

植株

线棘豆

学名：*Oxytropis filiformis* DC.

英文名：Linear Crazyweed

别名：无

形态特征：多年生草本，高10～20厘米。茎缩短，分枝多，呈丛生状。羽状复叶长6～12厘米；托叶膜质，长卵形，密被贴伏绢状毛，于中部与叶柄贴生，在基部彼此合生或几分离；叶柄长，纤细；叶轴与叶柄均被贴伏白毛，宿存；小叶17～31（～41）；披针形、线状披针形或卵状披针形，长4～6毫米，宽1～2毫米，先端渐尖，基部圆形，干后边缘反卷，两面被贴伏柔毛。10～15花组成总状花序，长2.5～5厘米；总花梗细弱，常弯曲，比叶长1～2倍，被贴伏白色和黑色毛；苞片线形，比花梗长；花长6～7毫米；花萼短钟状，长2.5～3毫米，萼齿三角形，长约0.5毫米，密被白色和黑色短柔毛；花冠蓝紫色，旗瓣近圆形，长6～7毫米，先端微凹，基部楔形，翼瓣长圆形，与旗瓣近等长，比龙骨瓣稍长，龙骨瓣的喙长约1.5毫米。荚果硬膜质，宽椭圆形或卵形，长5～8（～10）毫米，宽3～5毫米，先端具喙，被贴伏疏白色和黑色短毛，1室，几无梗。花期7—8月，果期8月。

分布：中国内蒙古（锡林郭勒盟、大青山、哲里木盟、呼伦贝尔盟）；蒙古国和俄罗斯（东西伯利亚）也有分布。

生境：石质山坡、草甸或丘陵坡地。

水分生态类型：旱生。

饲用等级：良等。

其他用途：无。

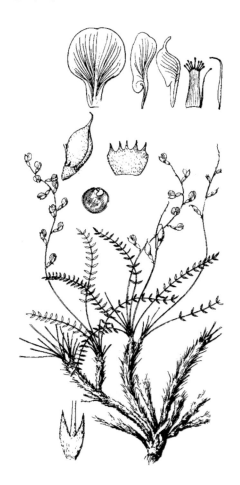

模式图（引自《中国植物志》）

小花棘豆

学名：*Oxytropis glabra*（Lam.）DC.

英文名：Smallflower Crazyweed

别名：马绊肠、醉马草、绊肠草

形态特征：多年生草本，高20（35）~80厘米。根细而直伸。茎分枝多，直立或铺散。长30~70厘米，无毛或疏被短柔毛。绿色。羽状复叶长5~15厘米；托叶草质，卵形或披针状卵形，彼此分离或于基部合生，长5~10毫米，无毛或微被柔毛；叶轴疏被开展或贴伏短柔毛；小叶11~19（~27），披针形或卵状披针形，长5（10）~25毫米，宽3~7毫米，先端尖或钝，基部宽楔形或圆形，上面无毛，下面微被贴伏柔毛。多花组成稀疏总状花序，长4~7厘米；总花梗长5~12厘米，通常较叶长，被开展的白色短柔毛；苞片膜质，狭披针形，长约2毫米，先端尖，疏被柔毛；花长6~8毫米；花梗长1毫米；花萼钟形，长42毫米。被贴伏白色短柔毛，有时混生少量的黑色短柔毛，萼齿披针状锥形，长1.5~2毫米；花冠淡紫色或蓝紫色，旗瓣长7~8毫米，瓣片圆形，先端微缺，翼瓣长6~7毫米，先端全缘，龙骨瓣长5~6毫米，喙长0.25~0.5毫米；子房疏被长柔毛。荚果膜质，长圆形，膨胀，下垂，长10~20毫米，宽3~5毫米，喙长1~1.5毫米，腹缝具深沟，背部圆形，疏被贴伏白色短柔毛或混生黑、白柔毛，后期无毛，1室；果梗长1~2.5毫米。花期6—9月，果期7—9月。

分布：中国内蒙古、山西、陕西、甘肃、青海、新疆和西藏等省区；巴基斯坦、克什米尔地区、蒙古、哈萨克斯坦、乌兹别克斯坦、土库曼斯坦、吉尔吉斯斯坦、塔吉克斯坦和俄罗斯也有分布。

生境：山坡草地、石质山坡、河谷阶地、冲积川地、草地、荒地、田边、渠旁、沼泽草甸、盐土草滩上。

水分生态类型：中生。

饲用等级：劣等。

其他用途：无。

植株（图片为刘磊提供）

山泡泡

学名：*Oxytropis leptophylla*（Pall.）DC.

英文名：Hillbubble Crazyweed

别名：薄叶棘豆、光棘豆

形态特征：多年生草本，高约8厘米，全株被灰白毛。根粗壮，圆柱状，深长。茎缩短。羽状复叶长7～10厘米；托叶膜质，三角形，与叶柄贴生，先端钝，密被长柔毛；叶柄与叶轴上面有沟纹，被长柔毛；小叶9～13，线形，长13～35毫米，宽1～2毫米，先端渐尖，基部近圆形，边缘向上面反卷，上面无毛，下面被贴伏长硬毛。2～5花组成短总状花序；总花梗纤细，与叶等长或稍短，微被开展短柔毛；苞片披针形或卵状长圆形，长于花梗，密被长柔毛；花长18～20毫米；花萼膜质，筒状，长8～11毫米，密被白色长柔毛；萼齿锥形，长为萼筒的1/3；花冠紫红色或蓝紫色，旗瓣近圆形，长20～23毫米，宽10毫米，先端圆形或微凹，基部渐狭成瓣柄，翼瓣长19～20毫米，耳短，瓣柄细长，龙骨瓣长15～17毫米，喙长1.5毫米；子房密被毛，花柱先端弯曲。荚果膜质，卵状球形，膨胀，长14～18毫米，宽12～15毫米，先端具喙，腹面具沟，被白色或黑白混生短柔毛，隔膜窄，不完全1室。花期5—6月，果期6—7月。

分布：中国黑龙江、吉林、辽宁、内蒙古、河北及山西等省区；俄罗斯（东西伯利亚）和蒙古国（东北部）也有分布。

生境：砾石质丘陵坡地及向阳干旱山坡。

水分生态类型：旱生。

饲用等级：中等。

其他用途：无。

模式图（引自《中国植物志》）

多叶棘豆

学名：*Oxytropis myriophylla*（Pall.）DC.

英文名：Leafy Crazyweed

别名：狐尾藻棘豆

形态特征：多年生草本，高20～30厘米，全株被白色或黄色长柔毛。根褐色，粗壮，深长。茎缩短，丛生。轮生羽状复叶长10～30厘米；托叶膜质，卵状披针形，基部与叶柄贴生，先端分离，密被黄色长柔毛；叶柄与叶轴密被长柔毛；小叶25～32轮，每轮4～8片或有时对生，线形、长圆形或披针形，长3～15毫米，宽1～3毫米，先端渐尖，基部圆形，两面密被长柔毛。多花组成紧密或较疏松的总状花序；总花梗与叶近等长或长于叶，疏被长柔毛；苞片披针形，长8～15毫米，被长柔毛；花长20～25毫米；花梗极短或近无梗；花萼筒状，长11毫米，被长柔毛，萼齿披针形，长约4毫米，两面被长柔毛；花冠淡红紫色，旗瓣长椭圆形，长18.5毫米，宽6.5毫米，先端圆形或微凹，基部下延成瓣柄，翼瓣长15毫米，先端急尖，耳长2毫米，瓣柄长8毫米，龙骨瓣长12毫米，喙长2毫米，耳长约15.2毫米；子房线形，被毛，花柱无毛，无柄。荚果披针状椭圆形，膨胀，长约15毫米，宽约5毫米，先端喙长5～7毫米，密被长柔毛，隔膜稍宽，不完全2室。花期5—6月，果期7—8月。

分布：中国黑龙江、吉林、辽宁、内蒙古、河北、山西、陕西及宁夏等省区；俄罗斯（东西伯利亚）、蒙古国也有分布。

生境：沙地、平坦草原、干河沟、丘陵地、轻度盐渍化沙地、石质山坡。

水分生态类型：中旱生。

饲用等级：低等。

其他用途：药用。

植株

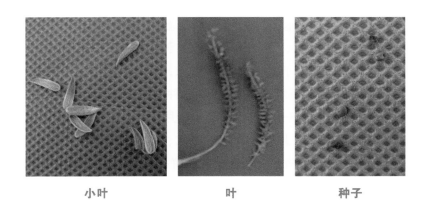

小叶　　　　　叶　　　　　种子

砂珍棘豆

学名：*Oxytropis racemosa* Turcz.

英文名：Sandliving Crazyweed

别名：泡泡草、砂棘豆

形态特征：多年生草本，高5～15（30）厘米。根淡褐色，圆柱形，较长。茎缩短，多头。轮生羽状复叶长5～14厘米；托叶膜质，卵形，大部与叶柄贴生，分离部分先端尖，被柔毛；叶柄与叶轴上面有细沟纹。密被长柔毛；小叶轮生，6～12轮，每轮4～6片，或有时为2小叶对生，长圆形、线形或披针形，长5～10毫米，宽1～2毫米，先端尖，基部楔形，边缘有时内卷，两面密被贴伏长柔毛。顶生头形总状花序；总花梗长6～15厘米，被微卷曲绒毛；苞片披针形，比花萼短而宿存；花长8～12毫米；花萼管状钟形，长5～7毫米，萼齿线形，长1.5～3毫米，被短柔毛；花冠红紫色或淡紫红色，旗瓣匙形，长12毫米，先端圆或微凹，基部渐狭成瓣柄，翼瓣卵状长圆形，长11毫米，龙骨瓣长9.5毫米，喙长2～2.5毫米；子房微被毛或无毛，花柱先端弯曲。荚果膜质，卵状球形，膨胀，长约10毫米，先端具钩状短喙，腹缝线内凹，被短柔毛，隔膜宽约0.5毫米，不完全2室。种子肾状圆形，长约1毫米，暗褐色。花期5—7月，果期6—10月。

分布：中国东北、内蒙古、河北、山西（北部）、陕西（北部）及宁夏等省区；蒙古国和朝鲜也有分布。

生境：沙滩、沙荒地、沙丘、沙质坡地及丘陵地区阳坡。

水分生态类型：旱生。

饲用等级：劣等。

其他用途：药用。

叶

花序

植株

二十八、葛属*Pueraria* DC.

葛

学名：*Pueraria lobata* （Willd.）Ohwi

英文名：Kudzuvine

别名：野葛、葛藤

形态特征：粗壮藤本，长可达8米，全体被黄色长硬毛，茎基部木质，有粗厚的块状根。羽状复叶具3小叶；托叶背着，卵状长圆形，具线条；小托叶线状披针形，与小叶柄等长或较长；小叶三裂，偶尔全缘，顶生小叶宽卵形或斜卵形，长7～15（～19）厘米，宽5～12（～18）厘米，先端长渐尖，侧生小叶斜卵形，稍小，上面被淡黄色、平伏的疏柔毛。下面较密；小叶柄被黄褐色绒毛。总状花序长15～30厘米，中部以上有颇密集的花；苞片线状披针形至线形，远比小苞片长，早落；小苞片卵形，长不及2毫米；花2～3朵聚生于花序轴的节上；花萼钟形，长8～10毫米，被黄褐色柔毛，裂片披针形，渐尖，比萼管略长；花冠长10～12毫米，紫色，旗瓣倒卵形，基部有2耳及一黄色硬痂状附属体，具短瓣柄，翼瓣镰状，较龙骨瓣为狭，基部有线形、向下的耳，龙骨瓣镰状长圆形，基部有极小、急尖的耳；对旗瓣的1枚雄蕊仅上部离生；子房线形，被毛。荚果长椭圆形，长5～9厘米，宽8～11毫米，扁平，被褐色长硬毛。花期9—10月，果期11—12月。

分布：中国除新疆、青海及西藏外，分布全国；东南亚至澳大利亚亦有分布。

生境：草坡、路旁、灌丛间或疏林中。

水分生态类型：中生。

饲用等级：良等。

其他用途：药用、编织、造纸、织布、水土保持。

植株

二十九、田菁属 *Sesbania* Scop

田菁

学名：*Sesbania cannabina*（Retz.）Poir.

英文名：Sesbania

别名：肥田草

形态特征：一年生草本，高3~3.5米。茎绿色，有时带褐色红色，微被白粉，有不明显淡绿色线纹。平滑，基部有多数不定根，幼枝疏被白色绢毛，后秃净，折断有白色黏液，枝髓粗大充实。羽状复叶；叶轴长15~25厘米，上面具沟槽，幼时疏被绢毛，后儿无毛；托叶披针形，早落；小叶20~30（~40）对，对生或近对生，线状长圆形，长8~20（~40）毫米，宽2.5~4（~7）毫米；小叶柄长约1毫米，疏被毛；小托叶钻形，短于或几等于小叶柄，宿存。总状花序长3~10厘米，具2~6朵花，疏松；总花梗及花梗纤细，下垂，疏被绢毛；苞片线状披针形，小苞片2枚，均早落；花萼斜钟状，长3~4毫米，无毛，萼齿短三角形，先端锐齿；花冠黄色，旗瓣横椭圆形至近圆形，长9~10毫米，翼瓣倒卵状长圆形，与旗瓣近等长，宽约3.5毫米，基部具短耳，中部具较深色的斑块，并横向皱折，龙骨瓣较翼瓣短，三角状阔卵形，长宽近相等，先端圆钝，平三角形，瓣柄长约4.5毫米；雄蕊二体，对旗瓣的1枚分离，花药卵形至长圆形；雌蕊无毛，柱头头状，顶生。

荚果细长，长圆柱形，微弯，外面具黑褐色斑纹，喙尖，长5～7（～10）毫米，果颈长约5毫米，开裂，种子间具横隔，有种子20～35粒；种子绿褐色，短圆柱状。花果期7—12月。

分布：中国江苏、浙江、江西、福建、台湾、海南、广东等省；东半球热带地区也有分布。

生境：田间、路旁等潮湿地。

水分生态类型：中生。

饲用等级：中等。

其他用途：绿肥、改良盐碱地。

植株

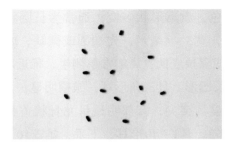

种子

三十、槐属*Sophora* L.

苦豆子

学名：*Sophora alopecuroides* L.

英文名：Bitterbean Pagodatree

别名：草本槐、苦豆根

形态特征：草本，或基部木质化成亚灌木状，高约1米。枝被白色或淡灰白色长柔毛或贴伏柔毛。羽状复叶；叶柄长1~2厘米；托叶着生于小叶柄的侧面，钻状，长约5毫米，常早落；小叶7~13对，对生或近互生，纸质，披针状长圆形或椭圆状长圆形，长15~30毫米，宽约10毫米，先端钝圆或急尖，常具小尖头，基部宽楔形或圆形，上面被疏柔毛，下面毛被较密，中脉上面常凹陷，下面隆起，侧脉不明显。总状花序顶生；花多数，密生；花梗长3~5毫米；苞片似托叶，脱落；花萼斜钟状，5萼齿明显，不等大，三角状卵形；花冠白色或淡黄色，旗瓣形状多变，通常为长圆状倒披针形，长15~20毫米，宽3~4毫米，先端圆或微缺，或明显呈倒心形，基部渐狭或骤狭成柄，翼瓣常单侧生，稀近双侧生，长约16毫米，卵状长圆形，具三角形耳，皱褶明显，龙骨瓣与翼瓣相似，先端明显具突尖，背部明显呈龙骨状盖叠，柄纤细，长约为瓣片的1/2，具1三角形耳，下垂；雄蕊10，花丝不同程度连合，有时近两体雄蕊，连合部分疏被极短毛，子房密被白色近贴伏柔毛，柱头圆点状，被稀少柔毛。荚果串珠状，长8～13厘米，具多数种子；种子卵球形，稍扁，褐色或黄褐色。花期5—6月，果期8—10月。

分布：中国内蒙古、山西、陕西、宁夏、甘肃、青海、新疆、河南、西藏；俄罗斯、阿富汗、伊朗、土耳其、巴基斯坦和印度北部也有分布。

生境：微盐化的沙地、草甸等地。

水分生态类型：旱生。

饲用等级：中等。

其他用途：固沙、药用。

英果和种子

生境

植株

白刺花

学名：*Sophora davidii*（Franch.）Skeels

英文名：Whitepine Pagodatree

别名：狼牙刺、苦刺、马蹄针

形态特征：灌木或小乔木，高1～2米，有时3～4米。枝多开展，小枝初被毛，旋即脱净，不育枝末端明显变成刺，有时分叉。羽状复叶；托叶钻状，部分变成刺，疏被短柔毛，宿存；小叶5～9对，形态多变，一般为椭圆状卵形或倒卵状长圆形，长10～15毫米，先端圆或微缺，常具芒尖，基部钝圆形，上面几无毛，下面中脉隆起，疏被长柔毛或近无毛。总状花序着生于小枝顶端；花小，长约15毫米，较少；花萼钟状，稍歪斜，蓝紫色，萼齿5，不等大，圆三角形，无毛；花冠白色或淡黄色，有时旗瓣稍带红紫色，旗瓣倒卵状长圆形，长14毫米，宽6毫米，先端圆形，基部具细长柄，柄与瓣片近等长，反折，翼瓣与旗瓣等长，单侧生，倒卵状长圆形，宽约3毫米，具1锐尖耳，明显具海绵状皱褶，龙骨瓣比翼瓣稍短，镰状倒卵形，具锐三角形耳；雄蕊10，等长，基部连合不到1/3；子房比花丝长，密被黄褐色柔毛，花柱变曲，无毛，胚珠多数，荚果非典型串珠状，稍压扁，长6～8厘米，宽6～7毫米，开裂方式与砂生槐同，表面散生毛或近无毛，有种子3～5粒；种子卵球形，长约4毫米，径约3毫米，深褐色。花期3—8月，果期6—10月。

分布：中国华北、陕西、甘肃、河南、江苏、浙江、湖北、湖南、广西、四川、贵州、云南、西藏。

生境：河谷沙丘和山坡路边的灌木丛中。

水分生态类型：中旱生。

饲用等级：中等。

其他用途：水土保持、观赏、蜜源、药用。

模式图（引自《中国饲用植物》）

苦参

学名：*Sophora flavescens* Ait.

英文名：Bitterginseng

别名：苦参麻、山槐、野槐、白茎地骨

形态特征：草本或亚灌木，稀呈灌木状，通常高1米左右，稀达2米。茎具纹棱，幼时疏被柔毛，后无毛。羽状复叶长达25厘米；托叶披针状线形，渐尖，长6～8毫米；小叶6～12对，互生或近对生，纸质，形状多变，椭圆形、卵形、披针形至披针状线形，长3～4（～6）厘米，宽（0.5～）1.2～2厘米，先端钝或急尖，基部宽楔开或浅心形，上面无毛，下面疏被灰白色短柔毛或近无毛。中脉下面隆起。总状花序顶生，长15～25厘米；花多数，疏或稍密；花梗纤细，长约7毫米；苞片线形，长约2.5毫米；花萼钟状，明显歪斜，具不明显波状齿，完全发育后近截平，长约5毫米，宽约6毫米，疏被短柔毛；花冠比花萼长1倍，白色或淡黄白色，旗瓣倒卵状匙形，长14～15毫米，宽6～7毫米，先端圆形或微缺，基部渐狭成柄，柄宽3毫米，翼瓣单侧生，强烈皱褶几达瓣片的顶部，柄与瓣片近等长，长约13毫米，龙骨瓣与翼瓣相似，稍宽，宽约4毫米，雄蕊10，分离或近基部稍连合；子房近无柄，被淡黄白色柔毛，花柱稍弯曲，胚珠多数。荚果长5～10厘米，种子间稍缢缩，呈不明显串珠状，稍四棱形，疏被短柔毛或近无毛，成熟后开裂成4瓣，有种子1～5粒；种子长卵形，稍压扁，深红褐色或紫褐色。花期6—8月，果期7—10。

分布：中国各省区；印度、日本、朝鲜、俄罗斯西伯利

亚地区也有分布。

生境：山坡、沙地草坡灌木林中或田野附近。

水分生态类型：中旱生。

饲用等级：低等。

其他用途：药用、编织材料。

植株 叶

果序

三十一、苦马豆属*Sphaerophysa* DC.

苦马豆

学名：*Sphaerophysa salsula*（Pall.）DC.

英文名：Bitterhorsebean

别名：泡泡豆、养卵蛋、羊尿泡、红花苦豆子

形态特征：半灌木或多年生草本，茎直立或下部匍匐，高0.3～0.6米，稀达1.3米；枝开展，具纵棱脊，被疏至密的灰白色丁字毛）；托叶线状披针形，三角形至钻形，自茎下部至上部渐变小。叶轴长5～8.5厘米，上面具沟槽；小叶11～21片，倒卵形至倒卵状长圆形，长5～15（25）毫米，宽3～6（10）毫米，先端微凹至圆，具短尖头，基部圆至宽楔形，上面疏被毛至无毛，侧脉不明显，下面被细小、白色丁字毛；小叶柄短，被白色细柔毛。总状花序常较叶长，长6.5～13（17）厘米，生6～16花；苞片卵状披针形；花梗长4～5毫米，密被白色柔毛，小苞片线形至钻形；花萼钟状，萼齿三角形，上边2齿较宽短，其余较窄长，外面被白色柔毛；花冠初呈鲜红色，后变紫红色，旗瓣瓣片近圆形，向外反折，长12～13毫米，宽12～16毫米，先端微凹，基部具短柄，翼瓣较龙骨瓣短，连柄长12毫米，先端圆，基部具长3毫米微弯的瓣柄及长2毫米先端圆的耳状裂片，龙骨瓣长13毫米，宽4～5毫米，瓣柄长约4.5毫米，裂片近成直角，先端钝；子房近线

形，密被白色柔毛，花柱弯曲，仅内侧疏被纵列髯毛，柱头近球形。荚果椭圆形至卵圆形，膨胀，长1.7～3.5厘米，直径1.7～1.8厘米，先端圆，果颈长约10毫米，果瓣膜质，外面疏被白色柔毛，缝线上较密；种子肾形至近半圆形，长约2.5毫米，褐色，珠柄长1～3毫米，种脐圆形凹陷。花期5—8月，果期6—9月。

分布：中国东北、华北、西北各省区；蒙古国、日本和俄罗斯西伯利亚也有。

生境：山坡、草原、荒地、沙滩、戈壁绿洲、沟渠旁及盐池周围。

水分生态类型：旱生。

饲用等级：中等。

其他用途：绿肥、水土保持、药用、蜜源。

植株

花序

荚果

三十二、野决明属 *Thermopsis* R. Br.

披针叶野决明

学名：*Thermopsis lanceolata* R. Br.

英文名：Lanceleaf Wildsenna

别名：披针叶黄华、牧马豆

形态特征：多年生草本，高12~30（~40）厘米。茎直立，分枝或单一，具沟棱，被黄白色贴伏或伸展柔毛。3小叶；叶柄短，长3~8毫米；托叶叶状，卵状披针形，先端渐尖，基部楔形，长1.5~3厘米，宽4~10毫米，上面近无毛，下面被贴伏柔毛；小叶狭长圆形、倒披针形，长2.5~7.5厘米，宽5~16毫米，上面通常无毛，下面多少被贴伏柔毛。总状花序顶生，长6~17厘米，具花2~6轮，排列疏松；苞片线状卵形或卵形，先端渐尖，长8~20毫米，宽3~7毫米，宿存；萼钟形长1.5~2.2厘米，密被毛，背部稍呈囊状隆起，上方2齿连合，三角形，下方萼齿披针形，与萼筒近等长。花冠黄色，旗瓣近圆形，长2.5~2.8厘米，宽1.7~2.1厘米，先端微凹，基部渐狭成瓣柄，瓣柄长7~8毫米，翼瓣长2.4~2.7厘米，先端有4~4.3毫米长的狭窄头，龙骨瓣长2~2.5厘米，宽为翼瓣的1.5~2倍；子房密被柔毛，具柄，柄长2~3毫米，胚珠12~20粒。荚果线形，长5~9厘米，宽7~12毫米，先端具尖喙，被细柔毛，黄褐色，种子6~14粒，位于中央。种子圆肾形，黑褐色，具灰色蜡层，有光泽，长3～5毫米，宽2.5～3.5毫米。花期5—7月，果期6—10月。

分布：中国内蒙古、河北、山西、陕西、宁夏、甘肃；俄罗斯远东、西伯利亚、蒙古国及尼泊尔也有。

生境：草甸草原、盐化草甸及沙质地和湖边。

水分生态类型：中旱生。

饲用等级：中等。

其他用途：药用。

荚果

小花

植株

三十三、车轴草属*Trifolium* L.

草莓车轴草

学名：*Trifolium fragiferum* L.

英文名：Strawberry Trefoil

别名：草莓三叶草

形态特征：多年生草本，长10～30（～50）厘米。具主根。茎平卧或匍匐，节上生根，全株除花萼外几无毛。掌状三出复叶；托叶卵状披针形，膜质，抱茎呈鞘状，先端离生部分狭披针形，尾尖，每侧具脉纹1～2条；叶柄细长，长5～10厘米；小叶倒卵形或倒卵状椭圆形，长（5）10～25毫米，宽5～15毫米，先端钝圆，微凹，基部阔楔形，两面无毛或中脉被稀疏毛，苍白色，侧脉10～15对，与中脉作40°～70°角扇状展开，二次分叉，近叶边处隆起，伸达齿尖；小叶柄短，长约1毫米。花序半球形至卵形，直径约1厘米，花后增大，果期直径可达2～3厘米；总花梗甚长，腋生，比叶柄长近1倍；总苞由基部10～12朵花的较发育苞片合生而成，先端离生部分披针形；具花10～30朵，密集；花长6～8毫米；花梗甚短；苞片小，狭披针形；萼钟形，具脉纹10条，萼齿丝状，锥形，下方3齿几无毛，上方2齿稍长，连萼筒上半部均密被绢状硬毛，被毛部分在果期间强烈膨大成囊泡状；花冠淡红色或黄色，旗瓣长圆形，明显比翼瓣和龙骨瓣长；子房阔卵形，花柱比子房稍长。荚果长圆状卵形，位于囊状宿存花萼的底部；有种子1～2粒。种子扁圆形。花果期5—8月。

    分布：中国新疆（伊犁），东北及华北有种植。原产于地中海和近东，欧洲有栽培。

    生境：沼泽、水沟边。

    水分生态类型：湿生。

    饲用等级：优等。

    其他用途：绿肥、蜜源。

全株

野火球

学名：*Trifolium lupinaster* L.

英文名：Wild fireball Trefoil

别名：野车轴草、红五叶

形态特征：多年生草本，高30～60厘米。根粗壮，发达，常多分叉。茎直立，单生，基部无叶，秃净，上部具分枝，被柔毛。掌状复叶，通常小叶5枚，稀3枚或7（～9）枚；托叶膜质，大部分抱茎呈鞘状，先端离生部分披针状三角形；叶柄几全部与托叶合生；小叶披针形至线状长圆形，长25～50毫米，宽5～16毫米，先端锐尖，基部狭楔形，中脉在下面隆起，被柔毛，侧脉多达50对以上，两面均隆起，分叉直伸出叶边成细锯齿；小叶柄短，不到1毫米。头状花序着生顶端和上部叶腋，具花20～35朵；总花梗长1.3（～5）厘米，被柔毛；花序下端具1早落的膜质总苞；花长（10）12～17毫米，萼钟形，长6～10毫米，被长柔毛，脉纹10条，萼齿丝状锥尖，比萼筒长2倍；花冠淡红色至紫红色，旗瓣椭圆形，先端钝圆，基部稍窄，几无瓣柄，翼瓣长圆形，下方有1个钩状耳，龙骨瓣长圆形，比翼瓣短，先端具小尖喙，基部具长瓣柄；子房狭椭圆形，无毛，具柄，花柱丝状，上部弯成钩状；胚珠5～8粒。荚果长圆形，长6毫米（不包括宿存花柱），宽2.5毫米，膜质，棕灰色；有种子（2）3～6粒。种子阔卵形，直径1.5毫米，橄榄绿色，平滑。花果期6—10月。

分布：中国东北、内蒙古、河北、山西、新疆；朝鲜、日本、蒙古国和俄罗斯均有分布。

生境：林缘草甸或灌丛。

水分生态类型：中生。

饲用等级：良等。

其他用途：药用、蜜源、观赏。

植株

果序

花序

红车轴草

学名：*Trifolium pratense* L.

英文名：Red Clover

别名：红三叶

形态特征：多年生草本，生长期2～5（～9）年。主根深入土层达1米。茎粗壮，具纵棱，直立或平卧上升，疏生柔毛或秃净。掌状三出复叶；托叶近卵形，膜质，每侧具脉纹8～9条，基部抱茎，先端离生部分渐尖，具锥刺状尖头；叶柄较长，茎上部的叶柄短；小叶卵状椭圆形至倒卵形，长1.5～3.5（～5）厘米，宽1～2厘米，先端钝，有时微凹，基部阔楔形，两面疏生褐色长柔毛，叶面上常有V字形白斑，侧脉约15对，作20°角展开在叶边处分叉隆起，伸出形成不明显的钝齿；小叶柄短，长约1.5毫米。花序球状或卵状，顶生；无总花梗或具甚短总花梗，包于顶生叶的托叶内，托叶扩展成焰苞状，具花30～70朵，密集；花长12～14（～18）毫米；几无花梗；萼钟形，被长柔毛，具脉纹10条，萼齿丝状，锥尖，比萼筒长，最下方1齿比其余萼齿长1倍，萼喉开张，具一多毛的加厚环；花冠紫红色至淡红色，旗瓣匙形，先端圆形，微凹缺，基部狭楔形，明显比翼瓣和龙骨瓣长，龙骨瓣稍比翼瓣短；子房椭圆形，花柱丝状细长，胚珠1～2粒。荚果卵形；通常有1粒扁圆形种子。花果期5—9月。

分布：中国新疆、内蒙古、湖北、云南、贵州等各省区多有栽培；原产于伊朗及黑海南部一带，中亚、俄罗斯西伯利亚、高加索、伊朗、印度、地中海国家、欧洲均有分布，现世界各国都有栽培。

　　生境：林缘、路边、草地。

　　水分生态类型：中生。

　　饲用等级：优等。

　　其他用途：绿肥、蜜源。

果序　　　　　　　　　　　花序

植株

白车轴草

学名：*Trifolium repens* L.

英文名：White Clover

别名：白三叶、荷兰翘摇

形态特征：多年生草本，生长期达5年，高10～30厘米。主根短，侧根和须根发达。茎匍匐蔓生，上部稍上升，节上生根，全株无毛。掌状三出复叶；托叶卵状披针形，膜质，基部抱茎成鞘状，离生部分锐尖；叶柄较长，长10～30厘米；小叶倒卵形至近圆形，长8～20（～30）毫米，宽8～16（～25）毫米，先端凹头至钝圆，基部楔形渐窄至小叶柄，中脉在下面隆起，侧脉约13对，与中脉作50°角展开，两面均隆起，近叶边分叉并伸达锯齿齿尖；小叶柄长1.5毫米，微被柔毛。花序球形，顶生，直径15～40毫米；总花梗甚长，比叶柄长近1倍，具花20～50（～80）朵，密集；无总苞；苞片披针形，膜质，锥尖；花长7～12毫米；花梗比花萼稍长或等长，开花立即下垂；萼钟形，具脉纹10条，萼齿5，披针形，稍不等长，短于萼筒，萼喉开张，无毛；花冠白色、乳黄色或淡红色，具香气。旗瓣椭圆形，比翼瓣和龙骨瓣长近1倍，龙骨瓣比翼瓣稍短；子房线状长圆形，花柱比子房略长，胚珠3～4粒。荚果长圆形；种子通常3粒。种子阔卵形。花果期5—10月。

分布：中国新疆、内蒙古、东北、华北、华中、西南等地，各省区温湿地区有广泛栽培；原产于欧洲，现普遍栽培于世界上气候湿润的温带地区。

生境：湿润草地、河岸、路边。

水分生态类型：中生。

饲用等级：优等。

其他用途：绿肥、草坪、堤岸防护、蜜源、药用。

叶

花序

植株

三十四、野豌豆属 *Vicia* L.

山野豌豆

学名：*Vicia amoena* Fisch.ex DC.

英文名：Wild Vetch

别名：落豆秧、豆豌豌、山黑豆

形态特征：多年生草本，高30～100厘米，植株被疏柔毛，稀近无毛。主根粗壮，须根发达。茎具棱，多分枝，细软，斜升或攀缘。偶数羽状复叶，长5～12厘米，几无柄，顶端卷须有2～3分支；托叶半箭头形，长0.8～2厘米，边缘有3～4裂齿；小叶4～7对，互生或近对生，椭圆形至卵披针形，长1.3～4厘米，宽0.5～1.8厘米；先端圆，微凹，基部近圆形，上面被贴伏长柔毛，下面粉白色；沿中脉毛被较密，侧脉扇状展开直达叶缘。总状花序通常长于叶；花10～20（～30）密集着生于花序轴上部；花冠红紫色、蓝紫色或蓝色花期颜色多变；花萼斜钟状，萼齿近三角形，上萼齿长0.3～0.4厘米，明显短于下萼齿；旗瓣倒卵圆形，长1～1.6厘米，宽0.5～0.6厘米，先端微凹，瓣柄较宽，翼瓣与旗瓣近等长，瓣片斜倒卵形，瓣柄长0.4～0.5厘米，龙骨瓣短于翼瓣，长1.1～1.2厘米；子房无毛，胚珠6，花柱上部四周被毛，子房柄长约0.4厘米。荚果长圆形，长1.8～2.8厘米，宽0.4～0.6厘米。两端渐尖，无毛。种子1～6，圆形，直径0.35～0.4厘米；种皮革质，深褐色，具花斑；种脐内凹，黄褐色，长相当于种子周长的1/3。花期4—6月，果期7—10月。

分布：中国东北、华北、陕西、甘肃、宁夏、河南、湖北、山东、江苏、安徽等省区；俄罗斯西伯利亚及远东、朝鲜、日本、蒙古国亦有。

生境：草甸、山坡、灌丛或杂木林中。

水分生态类型：旱中生。

饲用等级：优等。

其他用途：防风固沙、水土保持、绿肥、绿篱、蜜源、药用。

花序

植株

种子

窄叶野豌豆

学名：*Vicia angustifolia* L. ex Reichard

英文名：Narrowleaf Vetch

别名：狭叶野豌豆、山豆子、铁豆秧、紫花苕子、闹豆子

形态特征：一年生或二年生草本，高20～50（～80）厘米。茎斜升、蔓生或攀缘，多分枝，被疏柔毛。偶数羽状复叶长2～6厘米，叶轴顶端卷须发达；托叶半箭头形或披针形，长约0.15厘米，有2～5齿，被微柔毛；小叶4～6对，线形或线状长圆形，长1～2.5厘米，宽0.2～0.5厘米，先端平截或微凹，具短尖头，基部近楔形，叶脉不甚明显，两面被浅黄色疏柔毛。花1～2（3～4）腋生，有小苞叶；花萼钟形，萼齿5，三角形，外面被黄色疏柔毛；花冠红色或紫红色，旗瓣倒卵形，先端圆、微凹，有瓣柄，翼瓣与旗瓣近等长，龙骨瓣短于翼瓣；子房纺续形，被毛，胚珠5～8，子房柄短，花柱顶端具一束髯毛。荚果长线形，微弯，长2.5～5厘米，宽约0.5厘米，种皮黑褐色，革质，种脐线形，长相当于种子圆周1/6。花期3—6月，果期5—9月。

分布：中国西北、华东、华中、华南及西南各地；欧洲、北非、亚洲亦有，现已广为栽培。

生境：河滩、山沟、谷地、田边草丛。

水分生态类型：中生。

饲用等级：良等。

其他用途：绿肥、蜜源、观赏绿篱。

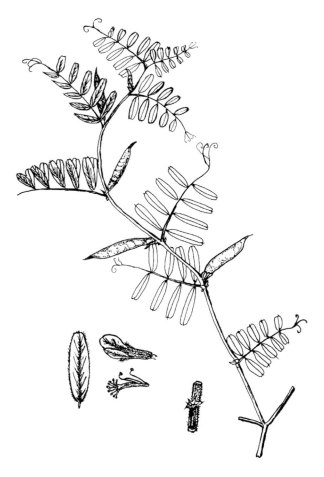

模式图（引自《中国饲用植物》）

新疆野豌豆

学名：*Vicia costata* Ledeb.

英文名：Xinjiang Vetch

别名：肋脉野豌豆、白花野豌豆

形态特征：多年生攀缘草本，高20～80厘米。茎斜升或近直立，多分枝，具棱，被微柔毛或近无毛。偶数羽状复叶顶端卷须分支，托叶半箭头形，脉两面凸出；小叶3～8对，长圆披针形或椭圆形，长0.6～1.8（～3.4）厘米，宽0.1（0.2）～0.5厘米，先端钝或锐尖，具生尖头，基部圆或宽楔形，叶脉明显凸出，上面无毛，下面被疏柔毛。总状花序明显长于叶，长3～11朵一面向着生于长6～11.5厘米的花序轴上部，微下垂；花萼钟状，被疏柔毛或近无毛，中萼齿近三角形或披针形，较长；花冠长1～2厘米，宽0.3～0.8厘米；黄色，淡黄色或白色，具蓝紫色脉纹，旗瓣倒卵圆形，先端凹，中部缢缩，翼瓣与旗瓣近等长，龙骨瓣略短；子房线形，长约0.6厘米，宽仅0.1厘米，胚珠1～5，花柱上部四周被毛，柱头头状。荚果扁线形，先端较宽，长2.6～3.5厘米，宽0.5～0.8厘米。种子1～4粒，扁圆形，直径约0.3厘米，种皮棕黑色，种脐长相当于种子周长的1/6。花果期6—8月。

分布：中国东北、内蒙古、西北、西藏等地。

生境：干旱荒漠、砾坡及沙滩。

水分生态类型：中旱生。

饲用等级：优等。

其他用途：绿肥。

植株

广布野豌豆

学名：*Vicia cracca* L.

英文名：Bird Vetch

别名：草藤、落豆秧

形态特征：多年生草本，高40～150厘米。根细长，多分支。茎攀缘或蔓生，有棱，被柔毛。偶数羽状复叶，叶轴顶端卷须有2～3分枝；托叶半箭头形或戟形，上部2深裂；小叶5～12对互生，线形、长圆或披针状线形，长1.1～3厘米，宽0.2～0.4厘米，先端锐尖或圆形，具短尖头，基部近圆或近楔形，全缘；叶脉稀疏，呈三出脉状，不甚清晰。总状花序与叶轴近等长，花多数，10～40密集一面向着生于总花序轴上部；花萼钟状，萼齿5，近三角状披针形；花冠紫色、蓝紫色或紫红色，长0.8～1.5厘米；旗瓣长圆形，中部缢缩呈提琴形，先端微缺，瓣柄与瓣片近等长；翼瓣与旗瓣近等长，明显长于龙骨瓣先端钝；子房有柄，胚珠4～7，花柱弯与子房联接处呈大于90°夹角，上部四周被毛。荚果长圆形或长圆菱形，长2～2.5厘米，宽约0.5厘米，先端有喙，果梗长约0.3厘米。种子3～6粒，扁圆球形，直径约0.2厘米，种皮黑褐色，种脐长相当于种子周长1/3。花果期5—9月。

分布：中国各省区；欧亚、北美洲也有分布。

生境：草甸、林缘、山坡、河滩草地及灌丛。

水分生态类型：中生。

饲用等级：优等。

其他用途：水土保持、绿肥、蜜源。

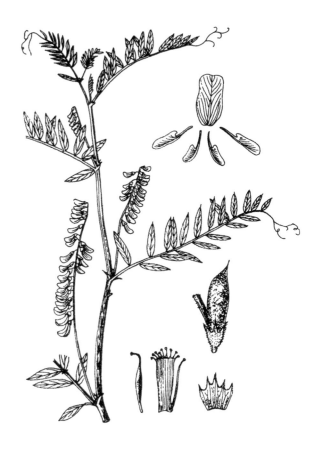

模式图（引自《中国饲用植物》）

大野豌豆

学名：*Vicia gigantea* Bge.

英文名：Giant Vetch

别名：大巢菜、山扁豆、薇菜

形态特征：多年生草本，高40～100厘米。灌木状，全株被白色柔毛。根茎粗壮，直径可达2厘米，表皮深褐色，近木质化。茎有棱，多分枝，被白柔毛。偶数羽状复叶顶端卷须有2～3分枝或单一，托叶2深裂，裂片披针形，长约0.6厘米；小叶3～6对，近互生，椭圆形或卵圆形，长1.5～3厘米，宽0.7～1.7厘米，先端钝，具短尖头，基部圆形，两面被疏柔毛，叶脉7～8对，下面中脉凸出，被灰白色柔毛。总状花序长于叶；具花6～16朵，稀疏着生于花序轴上部；花冠白色，粉红色，紫色或雪青色；较小，长约0.6厘米，小花梗长0.15～0.2厘米；花萼钟状，长0.2～0.25厘米，萼齿狭披针形或锥形，外面被柔毛；旗瓣倒卵形，长约7毫米，先端微凹，翼瓣与旗瓣近等长，龙骨瓣最短；子房无毛，具长柄，胚珠2～3，柱头上部四周被毛。荚果长圆形或菱形，长1～2厘米，宽4～5毫米，两面急尖，表皮棕色。种子2～3粒，肾形，表皮红褐色，长约0.4厘米。花期6—7月，果期8—10月。

分布：中国华北、陕西、甘肃、河南、湖北、四川、云南等省区。

生境：林下、河滩、草丛及灌丛。

水分生态类型：中生。

饲用等级：优等。

其他用途: 绿肥。

大野豌豆

多茎野豌豆

学名：*Vicia multicaulis* Ledeb.

英文名：Stemmy Vetch

别名：豆豌豌

形态特征：多年生草本，高10～50厘米。根茎粗壮。茎多分枝，具棱，被微柔毛或近无毛。偶数羽状复叶，顶端卷须分枝或单一；托叶半戟形，长0.3～0.6厘米，脉纹明显；小叶4～8对，长圆形至线形，长1～2厘米，宽约0.3厘米，具短尖头，基部圆形，全缘，叶脉羽状，十分明显，下面被疏柔毛。总状花序长于叶，具花14～15朵，长1.3～1.8厘米；花萼钟状，萼齿5，狭三角形，下萼齿较长，花冠紫色或紫蓝色，旗瓣长圆状倒卵形，中部缢缩，瓣片短于瓣柄，翼瓣及龙骨瓣短于旗瓣；子房线形，具细柄，花柱上部四周被毛。荚果扁，长3～3.5厘米，先端具喙，表皮棕黄色。种子扁圆，直径0.3厘米，深褐色种脐长相当于周长的1/4。

分布：中国东北、内蒙古、新疆；蒙古国、日本、俄罗斯西伯利亚也有分布。

生境：石砾、沙地、草甸、丘陵、灌丛。

水分生态类型：中生。

饲用等级：良等。

其他用途：绿肥。

模式图（引自《中国植物志》）

大叶野豌豆

学名：*Vicia pseudorobus* Fisch. ex C. A. Meyer

英文名：Largeleaf Vetch

别名：假香野豌豆、大叶草藤

形态特征：多年生草本，高50～150（～200）厘米。根茎粗壮、木质化，须根发达，表皮黑褐色或黄褐色。茎直立或攀缘，有棱，绿色或黄色，具黑褐斑，被微柔毛，老时渐脱落。偶数羽状复叶，长2～17厘米；顶端卷须发达，有2～3分枝，托叶戟形，长0.8～1.5厘米，边缘齿裂；小叶2～5对，卵形，椭圆形或长圆披针形，长（2）3～6（～10）厘米，宽1.2～2.5厘米，纸质或革质。先端圆或渐尖，有短尖头，基部圆或宽楔形，叶脉清晰，侧脉与中脉为60°夹角，直达叶缘呈波形或齿状相联合，下面被疏柔毛。总状花序长于叶，长4.5～1.5厘米，花序轴单一，长于叶；花萼斜钟状，萼齿短，短三角形，长1毫米；花多，通常15～30，花长1～2厘米，紫色或蓝紫色，翼瓣、龙骨瓣与旗瓣近等长；子房无毛，胚珠2～6，子房柄长，花柱上部四周被毛，柱头头状。荚果长圆形，扁平，长2～3厘米，宽0.6～0.8厘米，棕黄色。种子2～6粒，扁圆形，直径约0.3厘米，棕黄色、棕红褐色至褐黄色，种脐灰白色，长相当于种子圆周1/3。花期6—9月，果期8—10月。

分布：中国东北、华北、西北及西南；俄罗斯、蒙古国、朝鲜、日本亦有分布。

生境：山地、灌丛或林中。

水分生态类型：中生。

饲用等级：优等。

其他用途：药用。

枝条

植株

荚果

北野豌豆

学名：*Vicia ramuliflora*（Maxim.）Ohwi

英文名：Northern Vetch

别名：大花豌豆

形态特征：多年生草本，高40～100厘米。根膨大呈块状，近木质化，直径可达1～2厘米，表皮黑褐色或黄褐。茎具棱，通常数茎丛生，被微柔毛或近无毛。偶数羽状复叶长5～8厘米，叶轴顶端卷须短缩为短尖头；托叶半箭头形或斜卵形或长圆形，长0.8～1.2（～1.6）厘米，宽1～1.3厘米；全缘或基部齿蚀状。小叶通常（2）3（～4）对，长卵圆形或长卵圆披针形，长3～8厘米，宽1.3～3厘米；先端渐尖或长尾尖，基部圆或楔形；下面沿中脉被毛，全缘，纸质。总状花序腋生，于基部或总花序轴上部有2～3分枝，呈复总状近圆锥花序，长4～5厘米，通常短于叶；花萼斜钟状，萼齿三角形，仅长0.1厘米，比萼筒短5～6倍；花4～9朵，较稀疏，花冠蓝色，蓝紫色或玫瑰色，稀白色，旗瓣长圆形或长倒卵形，长1.1～1.4（～1.8）厘米，宽0.7～0.8厘米，先端圆微凹，中部缢缩，基部宽楔形，翼瓣与旗瓣近等长，瓣柄与瓣片近等长，龙骨瓣与翼瓣近等长；子房线形，花柱长约0.5厘米，上部四周有毛，胚珠5～6，柱头头状，子房柄长约0.1厘米。荚果长圆菱形，长2.5～5厘米，宽0.5～0.7厘米，两端渐尖，表皮黄色或干草色。种子1～4粒，椭圆形，直径约0.5厘米，种皮深褐色，种脐长相当于圆周的1/3或1/2。花期6—8月，果期7—9月。

分布：中国东北、内蒙古；日本、俄罗斯西伯利亚及远东亦有分布。

生境：亚高山草甸、林下、林缘草地及山坡。

水分生态类型：中生。

饲用等级：良等。

其他用途：无。

荚果

植株

救荒野豌豆

学名：*Vicia sativa* L.

英文名：Cultiva Vetch

别名：箭舌豌豆、大巢菜、野菉豆、苕子

形态特征：一年生或二年生草本，高15～90（～105）厘米。茎斜升或攀缘，单一或多分枝，具棱，被微柔毛。偶数羽状复叶长2～10厘米，叶轴顶端卷须有2～3分枝；托叶戟形，通常2～4裂齿，长0.3～0.4厘米，宽0.15～0.35厘米；小叶2～7对，长椭圆形或近心形，长0.9～2.5厘米，宽0.3～1厘米，先端圆或平截有凹，具短尖头，基部楔形，侧脉不甚明显，两面被贴伏黄柔毛。花1～2（～4）腋生，近无梗；萼钟形，外面被柔毛，萼齿披针形或锥形；花冠紫红色或红色，旗瓣长倒卵圆形，先端圆，微凹，中部缢缩，翼瓣短于旗瓣，长于龙骨瓣；子房线形，微被柔毛，胚珠4～8，子房具柄短，花柱上部被淡黄白色髯毛。荚果线长圆形，长4～6厘米，宽0.5～0.8厘米，表皮土黄色种间缢缩，有毛，成熟时背腹开裂，果瓣扭曲。种子4～8粒，圆球形，棕色或黑褐色，种脐长相当于种子圆周1/5。花期4—7月，果期7—9月。

分布：中国各地；原产欧洲南部、亚洲西部，现已广为栽培。

生境：荒山、田边草丛及林中。

水分生态类型：中生。

饲用等级：优等。

其他用途：绿肥、药用。

植株

野豌豆

学名：*Vicia sepium* L.

英文名：Vetch

别名：滇野豌豆、黑荚巢菜

形态特征：多年生草本，高30～100厘米。根茎匍匐，茎柔细斜升或攀缘，具棱，疏被柔毛。偶数羽状复叶长7～12厘米，叶轴顶端卷须发达；托叶半戟形，有2～4裂齿；小叶5～7对，长卵圆形或长圆披针形，长0.6～3厘米，宽0.4～1.3厘米，先端钝或平截，微凹，有短尖头，基部圆形，两面被疏柔毛，下面较密。短总状花序，花2～4（～6）朵腋生；花萼钟状，萼齿披针形或锥形，短于萼筒；花冠红色或近紫色至浅粉红色，稀白色；旗瓣近提琴形，先端凹，翼瓣短于旗瓣，龙骨瓣内弯，最短；子房线形，无毛，胚珠5，子房柄短，花柱与子房联接处呈近90°夹角；柱头远轴面有一束黄髯毛。荚果宽长圆状，近菱形，长2.1～3.9厘米，宽0.5～0.7厘米，成熟时亮黑色，先端具喙，微弯。种子5～7，扁圆球形，表皮棕色有斑，种脐长相当于种子圆周2/3。花期6月，果期7—8月。

分布：中国西北、西南各省区；俄罗斯、朝鲜、日本亦有分布。

生境：山坡、林缘草丛。

水分生态类型：中生。

饲用等级：优等。

其他用途：食用、药用、观赏。

植株

花

荚果和种子

四籽野豌豆

学名：*Vicia tetrasperma*（L.）Schreber

英文名：Fourseed Vetch

别名：鸟喙豆、丝翘翘、四籽草藤、野扁豆、野苕子、小乔莱

形态特征：一年生缠绕草本，高20～60厘米。茎纤细柔软有棱，多分枝，被微柔毛。偶数羽状复叶，长2～4厘米；顶端为卷须，托叶箭头形或半三角形，长0.2～0.3厘米；小叶2～6对，长圆形或线形，长0.6～0.7厘米，宽约0.3厘米，先端圆，具短尖头，基部楔形。总状花序长约3厘米，花1～2朵着生于花序轴先端，花甚小，仅长约0.3厘米；花萼斜钟状，长约0.3厘米，萼齿圆三角形；花冠淡蓝色或带蓝、紫白色，旗瓣长圆倒卵形，长0.6厘米，宽0.3厘米，翼瓣与龙骨瓣近等长；子房长圆形，长0.3～0.4厘米，宽0.15厘米，有柄，胚珠4，花柱上部四周被毛。荚果长圆形，长0.8～1.2厘米，宽0.2～0.4厘米，表皮棕黄色，近革质，具网纹。种子4粒，扁圆形，直径约0.2厘米，种皮褐色，种脐白色，长相当于种子周长1/4。花期3—6月，果期6—8月。

分布：中国陕西、甘肃、新疆、华东、华中及西南等地；欧洲、亚洲、北美洲、北非亦有分布。

生境：山谷、草地阳坡。

水分生态类型：中生。

饲用等级：良等。

其他用途：绿肥、药用。

植株

歪头菜

学名：*Vicia unijuga* A. Br.

英文名：Askew Vetch

别名：草豆、三叶，豆苗菜，山豌豆，鲜豆苗，偏头草、豆叶菜

形态特征：多年生草本，高（15）40～100（～180）厘米。根茎粗壮近木质，主根长达8～9厘米，直径2.5厘米，须根发达，表皮黑褐色。通常数茎丛生，具棱，疏被柔毛，老时渐脱落，茎基部表皮红褐色或紫褐红色。叶轴末端为细刺尖头；偶见卷须，托叶戟形或近披针形，长0.8～2厘米，宽3～5毫米，边缘有不规则齿蚀状；小叶一对，卵状披针形或近菱形，长（1.5）3～7（～11）厘米，宽1.5～4（～5）厘米，先端渐尖，边缘具小齿状，基部楔形，两面均疏被微柔毛。总状花序单一稀有分支呈圆锥状复总状花序，明显长于叶，长4.5～7厘米；花8～20朵一面向密集于花序轴上部；花萼紫色，斜钟状或钟状，长约0.4厘米，直径0.2～0.3厘米，无毛或近无毛，萼齿明显短于萼筒；花冠蓝紫色、紫红色或淡蓝色长1～1.6厘米，旗瓣倒提琴形，中部缢缩，先端圆有凹，长1.1～1.5厘米，宽0.8～1厘米，翼瓣先端钝圆，长1.3～1.4厘米，宽0.4厘米，龙骨瓣短于翼瓣，子房线形，无毛，胚珠2～8，具子房柄，花柱上部四周被毛。荚果扁、长圆形，长2～3.5厘米，宽0.5～0.7厘米，无毛，表皮棕黄色，近革质，两端渐尖，先端具喙，成熟时腹背开裂，果瓣扭曲。种子3～7粒，扁圆球形，直径0.2～0.3厘米，种皮黑褐色，革质，

种脐长相当于种子周长1/4。花期6—7月，果期8—9月。

分布：中国东北、华北、华东、西南；朝鲜、日本、蒙古国、俄罗斯西伯利亚及远东均有分布。

生境：山地、林缘、草地、沟边及灌丛。

水分生态类型：中生。

饲用等级：优等。

其他用途：水土保持、绿肥、蜜源、食用、药用。

植株

荚果

生境

长柔毛野豌豆

学名：*Vicia villosa* Roth

英文名：Villose Vetch

别名：毛叶苕子、毛苕子、柔毛苕子

形态特征：一年生草本，攀缘或蔓生，植株被长柔毛，长30～150厘米，茎柔软，有棱，多分枝。偶数羽状复叶，叶轴顶端卷须有2～3分枝；托叶披针形或二深裂，呈半边箭头形；小叶通常5～10对，长圆形、披针形至线形，长1～3厘米，宽0.3～0.7厘米，先端渐尖，具短尖头，基部楔形，叶脉不甚明显。总状花序腋生，与叶近等长或略长于叶；具花10～20朵，一面向着生于总花序轴上部；花萼斜钟形，长约0.7厘米，萼齿5，近锥形，长约0.4厘米，下面的三枚较长；花冠紫色、淡紫色或紫蓝色，旗瓣长圆形，中部缢缩，长约0.5厘米，先端微凹；翼瓣短于旗瓣；龙骨瓣短于翼瓣。荚果长圆状菱形，长2.5～4厘米，宽0.7～1.2厘米，侧扁，先端具喙。种子2～8粒，球形，直径约0.3厘米，表皮黄褐色至黑褐色，种脐长相等于种子圆周1/7。花果期4—10月。

分布：中国东北、华北、西北、西南、山东、江苏、湖南、广东等地，各地有栽培；原产欧洲、中亚、伊朗。

生境：沙壤或黏质土以及排水良好的红壤或轻度盐化土，在pH值为5～8.5均生长良好。

水分生态类型：中生。

饲用等级：优等。

其他用途：绿肥。

植株

花序

种子

参考文献

陈默君，贾慎修. 2002. 中国饲用植物[M]. 北京：中国农业出版社.

陈山. 1994. 中国草地饲用植物资源[M]. 沈阳：辽宁民族出版社.

高洪文，王赟，孙桂枝，等. 2010. 豆科多年生草本类牧草种质资源描述规范和数据标准[M]. 北京：中国农业出版社.

李志勇，王宗礼. 2005. 牧草种质资源描述规范和数据标准[M]. 北京：中国农业出版社.

李志勇，宁布. 2005. 概述我国豆科牧草资源[J]. 草业与畜牧，4：22-24.

吴征镒. 2011. 中国种子植物区系地理[M]. 北京：科学出版社.

负旭疆. 2008. 中国主要优良栽培草种图鉴[M]. 北京：中国农业出版社.

赵一之，赵利清. 2014. 内蒙古维管植物检索表[M]. 北京：科学出版社.

赵一之. 2012. 内蒙古维管植物分类及其区系生态地理分布[M]. 呼和浩特：内蒙古大学出版社.

中国科学院中国植物志编辑委员会. 1990.中国植物志第39-42卷[M].北京：科学出版社.

朱家柟. 2001. 拉汉英种子植物名称 [M]. 北京：科学出版社.

拉丁名索引

M

O

P

S